増補版

日本海軍航空隊戦場写真集

Imperial Japanese Navy Air Units Battlefield photograph collection

大日本絵画

目次CONTENTS

※ 本書は2003年発売のスケールアヴィエーション12月号別冊『日本海軍航空隊戦場写真集』の記事、写真を増補したものです。

はじめに

明治45（1912）年6月に「航空術研究委員会」が創設されてから、昭和20（1945）年8月の太平洋戦争終戦を迎えるまで、日本海軍が独自に発展させた、空母飛行機隊を含む航空隊の歴史は、人機一体、まさに飛行機とそれに直接携わる搭乗員や、整備員をはじめとする地上員たちの不断の錬成と苦闘から成り立っている。その活躍の場は中国大陸を嚆矢に、日付変更線、あるいは赤道を遥かに越えた太平洋の彼方にまで及んだ。

本書は、そうした我が海軍航空隊の様子を情景的戦場写真で観察することを試みるものである。掲載写真は太平洋戦争時に限らず、揺籃草創期のものなど全般の期間を極力フォローし、かつ地上において整備中の飛行機や待機中、出撃直前の搭乗員の所作、それを取り巻く周辺の緊迫した様子などをうかがうことができるものを選ぶよう心がけた。

こうした写真により日本海軍航空隊のさまざまなシチュエーションをご覧いただき、模型作りのヒントに、また活字を読む際のビジュアルの補完にとご活用いただければ幸いである。

Chapter 1: The Good ol' Days

第一章 古き良き時代

大正元年（1912年）11月6日、フランスから帰国した金子養三大尉が、その際に携えてきたモーリス・ファルマン複葉水上機により、神奈川県の横須賀追浜基地で初飛行したとき、日本海軍航空の歴史がはじまった。

以来、昭和一桁時代に至るまで、海軍は欧米の航空先進国から、あらゆるものを学び取ろうと努力した。それは外国製の機材、発動機、装備品、はては航空医学など、すべての面に及んだのである。

そして、昭和一桁も後半になると、陸、海軍の双方が設計、製造まですべてを日本人だけでなし得た機体を調達できるようになり、悲願とした航空自立を達成した。

これと機を一にしたように、昭和12年7月には日中戦争（支那事変）が勃発し、海軍航空隊は、それまでまったく考慮に入れてなかった、陸上基地を本拠地にする航空作戦を経験し、航空戦略構想にも少なからぬ変革を強いられるのである。

日中戦争という厳しい現実はあったものの、草創期から太平洋戦争直前に至るまでは、海軍航空史全般からみても「古き良き時代」であった。

1

2

3

4

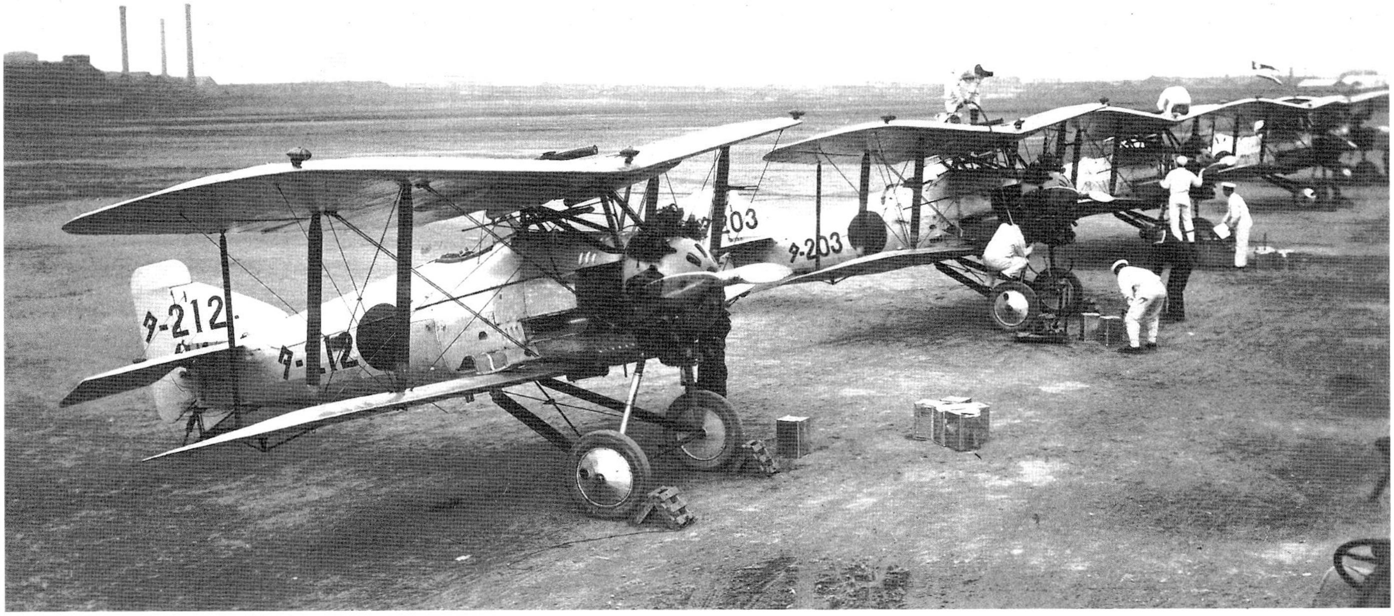

5

Photo 1: Sopwith T.1 Mk II, imported to Japan in 1921. Note the 18-inch torpedo mounted under the fuselage.

Photo 2: An F-5 flying boat, the largest plane used by the IJN flying forces at the time. Domestic production of the type began in 1921.

Photo 3: A Type 13 Model 1 Carrier Attack plane, "Y-310." Maintenance of planes in this era tended to center on the engine.

Photo 4: A view of the the rear deck of battleship Kongo sometime around 1935. In the center is a Type 14 Model 3 Sea Reconnaissance Plane, "Kongo-1."

Photo 5: A Type 3 Model 2 Carrier Fighter. A pump is being used to refuel the upper wing tank.

写真１
日本海軍最初の艦上雷撃機として、大正10（1921）年にイギリスから６機輸入されたソッピーズT.Mk. Ⅱ。全幅14m、全長８ｍの大型複葉機であるが、乗員が１名というところに、時代の古さがでている。胴体下面に懸吊しているのは18インチ魚雷で、もちろんイギリス製。そばに立つ兵士は、白の作業衣に、水兵帽を被っている。

写真２
イギリスのショートF.5飛行艇を国産化し、大正10（1921）年以降、計60機が製造されたＦ‐5号飛行艇。日本海軍航空創設以来の大型機で、全幅31m、全長15m、全備重量5.6トンに達した。艇上に立つ白い作業衣の整備兵、付近にいる一種軍装の兵士と対比すれば、それがよく分かる。当時のこととて、これだけの大型機ともなれば、整備・点検も大変なことであった。

写真３
大正14（1925）年ごろ、未舗装のエプロンで整備を受ける横須賀航空隊所属の十三式一号艦上攻撃機「Y‐310」号。この当時の複葉機は、とくに機体には整備の手間がかかる部分はないので、ほとんどが発動機関連に集中した。

写真４
日本海軍初の超弩級巡洋戦艦として知られ、イギリスで建造された後、ワシントン条約下で戦艦に改装された『金剛』の後部甲板上の光景。中央は十四式三号水上偵察機「コンゴウ‐1」号。その周囲には天幕が張られ、洗濯物が干されている。写真手前が第３、奥が第４主砲塔。昭和10（1935）年前後の撮影。

写真５
演習のため、大阪練兵場に移動し、整備を受ける館山航空隊所属の三式二号艦上戦闘機。手前から２機目は燃料の補給中で、ポンプよって小さな一斗缶に入れた燃料をホースにより上翼内タンクに注入中。本機の燃料タンクの容量は、わずか320リットルで、補充程度なら一斗缶で十分だった。昭和７（1932）～８（1933）年ごろの撮影。

6

7

8

9

10

Photo 6: A Type 90 Seaplane trainer back from practice. Ground staff have entered the water to steady the aircraft.

Photo 7: A Type 13 Model 2 attack plane from carrier Akagi showing the markings typical prior to the start of the war with China.

Photo 8: Seen in March 1932, this is the first "Hokoku-go," a Kawanishi Type 90 Model 3 Sea Reconnaissance Plane. "Hokoku-go" was a propaganda effort to build nationalist attitudes by naming weapons, like the plane, that were purchased with contributions from private groups and individuals around the country.

Photo 9: A Type 96 Carrier Attack Plane being serviced in 1937. Both servicemen and air crew (the two working near the right horizontal stabilizer) are involved in the plane's maintenance.

Photo10: A Type 96 Land Bomber Model 1 having its bomb mounted in a photo taken in August 1938. The three men are the aircraft's crew.

写真６
　訓練を終えて、鏡のように波静かな霞ヶ浦に帰投してきた霞ヶ浦航空隊の九〇式水上練習機。出迎えた地上員が湖面に入り、右下翼を手で押さえて、機体を制止している。右手前では海軍独特の双眼鏡を基地員が覗き込んで、後続機の安全を確認している。

写真７
　日中戦争（支那事変）勃発にともない、大陸沿岸に進出して、哨戒、爆撃任務などに大活躍した九四式水上偵察機。写真は、液冷九一式Ｖ型12気筒発動機を搭載した一号型。右手前機は全面銀色塗装のままだが、左遠方の機体は濃緑色／茶色の戦時迷彩に衣替えしている。手前は両機の母艦と思われるが、艦舷の低さからみて水上機母艦ではなく、巡洋艦、もしくは戦艦のようだ。

写真８
　昭和６（1931）年の満州事変を契機に、日本は国民に対して戦時的な危機感をもたせる意味も含め、個人、および団体からの寄付金を募り、陸、海軍兵器全般の調達制度を定めた。これが､いわゆる愛國號（陸軍)､報國號（海軍）制度と呼ばれるものだった。報國號の場合も、小は拳銃などの小物から、大は海防艦にいたるまで、様々な兵器が献納対象となり、航空機も例外ではなかった。献納は一定数まとまった時点で、地域ごとに式典を催し、献納者の愛国心を称えるように計らわれた。
　写真は昭和７（1932）年３月、その海軍報國號航空機第一号となった川西九〇式三号水上偵察機が、式典の後、招待者たちに飛行を展示するため、同社鳴尾工場隣接の発着場から、大阪湾に滑水していくところ。期せずして招待客の間に、万歳三唱が起こっている。

写真９
　日中戦争勃発直後の、いわゆる「渡洋爆撃」で、全世界に衝撃を与えた、第一連合航空隊（木更津航空隊と鹿屋航空隊の混成）所属の九六式陸上攻撃機。写真は、昭和12（1937）年末の冬晴れの下で、損傷修理中の模様。かなり大掛かりな作業らしく、地上整備員だけではなく、搭乗員（右側垂直尾翼で作業中の２人）まで駆り出されている。中国大陸の冬は厳しく､各員は防寒衣服の完全装備である。

写真10
　昭和13（1938）年８月、揚子江中流域の要衝、漢口の攻略作戦支援に出撃するため、爆弾搭載作業中の鹿屋航空隊所属の九六式陸攻一型。新聞社が公表しようと海軍省の検閲をうけたところ、右上のハンコが示すように不許可になった。その理由は、手前の運搬車と二五番陸用爆弾が鮮明に写っているためである。作業中の３名は、飛行帽を被り、飛行靴を履いていることからもわかるように搭乗員である。

11

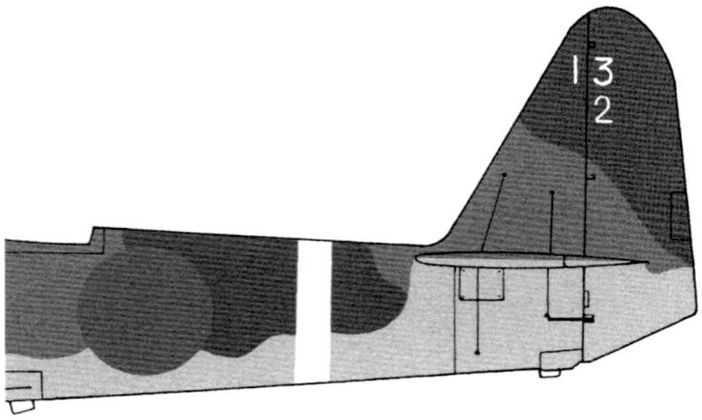

九五式水偵　水上機母艦『能登呂』搭載機　昭和 13 年　中国大陸
Type 95 Reconnaissance Seaplane, Seaplane Carrier "Notoro," 1938, Mainland China
上面は緑黒色と土色の雲形塗り分け迷彩、下面は灰色、尾翼記号は白。

12

写真 11
　昭和 12（1937）年末～ 13（1938）年はじめ、南京付近の揚子江に設けた前進基地に並ぶ水上機群。大半は九五式水上偵察機で、手前から２機は、水上機母艦『能登呂』、３機目以降は水上機母艦『衣笠丸』の搭載機らしい。基地といっても、水際に杭を打ち、これに機体から伸ばしたロープで繋止するだけといった程度であった。

写真 12
　これも、日中戦争当時の模様で、昭和 13（1938）年はじめ、中国大陸の南京にある大校場基地に進出した第 13 航空隊所属の九六式二号一型艦上戦闘機。手前の機は、左主翼上面に箱状のものが置いてあり、機上に立つ整備員の位置からして 7.7 ㎜機銃弾の装填作業中と思われる。機体には緑黒色と土色の迷彩が施されている。

Photo 11: Type 95 Reconnaissance Seaplanes seen lined up at Yousukou sometime between the end of 1937 and early 1938.

Photo 12: A Type 96 Model 2 Mark 1 seen in 1938 having its 7.7mm MGs serviced. A dark-green/brown camouflage scheme has been marked on the plane.

飛行機の在る情景

画・文／中西立太

「リーフの基地」

Illustration by Ritta Nakanishi

航空機の基地風景の中でも、南海のリーフに作られた基地での風景は絵になる。船団護衛の哨戒飛行から帰還した零式観測機を引くトラクターや対空監視につく兵の姿、のどかな中にも常在戦場の雰囲気が感じられる。翼を休める零式水偵、彼方の海上には白波を蹴立てて離水する二式大艇の姿が見える。

「彩雲の征く日」

Illustration by **Ritta Nakanishi**

昭和二十年元旦、長駆マリアナ諸島への強行偵察のため、千葉県香取基地から
硫黄島へ進出準備をする七六二空の彩雲三機。
祝日の日の丸と軍艦旗に高揚した心情が表れている。
こうした人間の香りがするダイオラマ製作には整備用の機材や情報、
人間の動きなどのマニュアルがほしいものである。

日本海軍特殊勤務服

IJN Special mission uniform

画・文／中西立太
Text and Illustrations
by **Ritta Nakanishi**

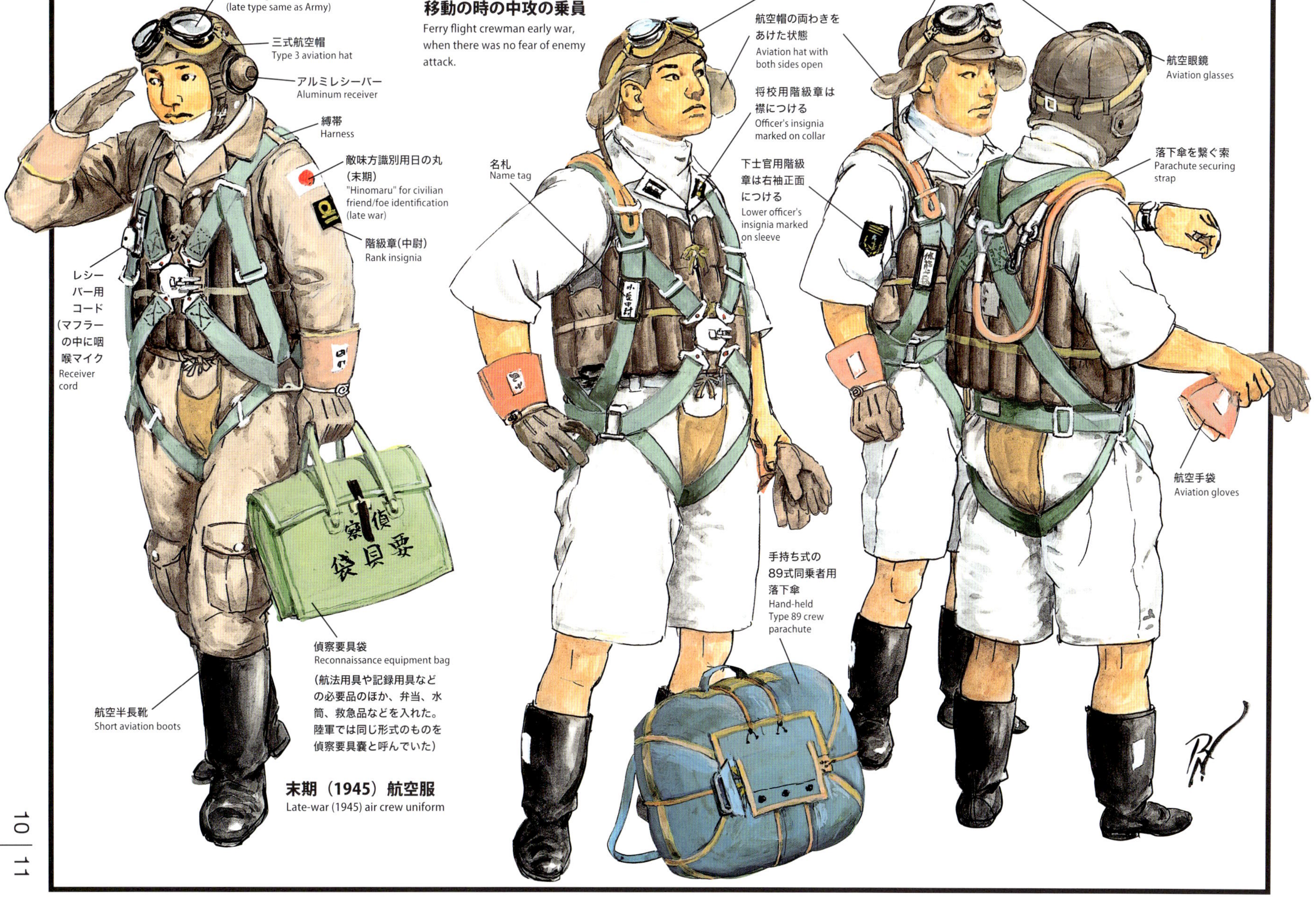

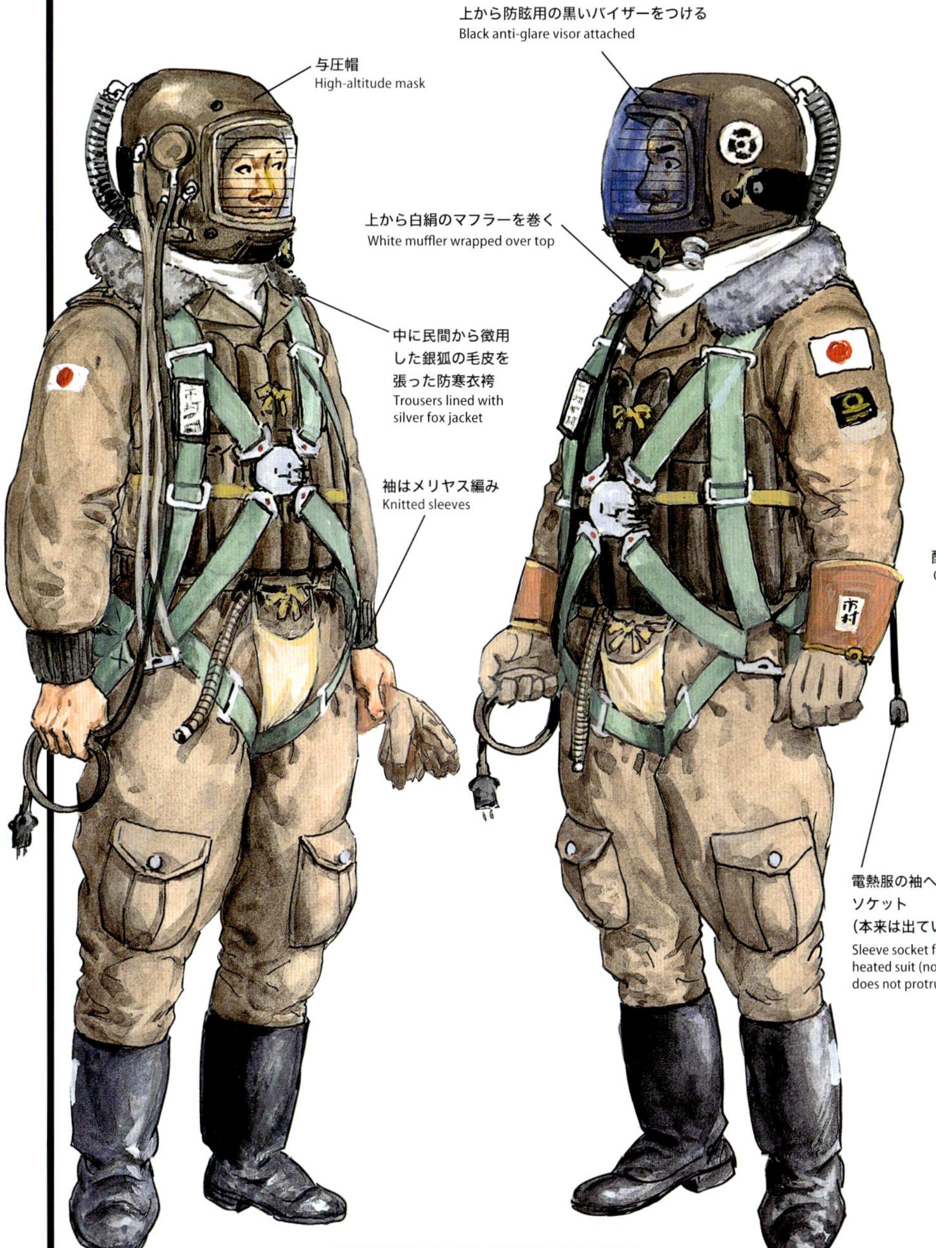

試製高高度用与圧服と与圧胴衣
Experimental high-altitude pressure suit and undergarment

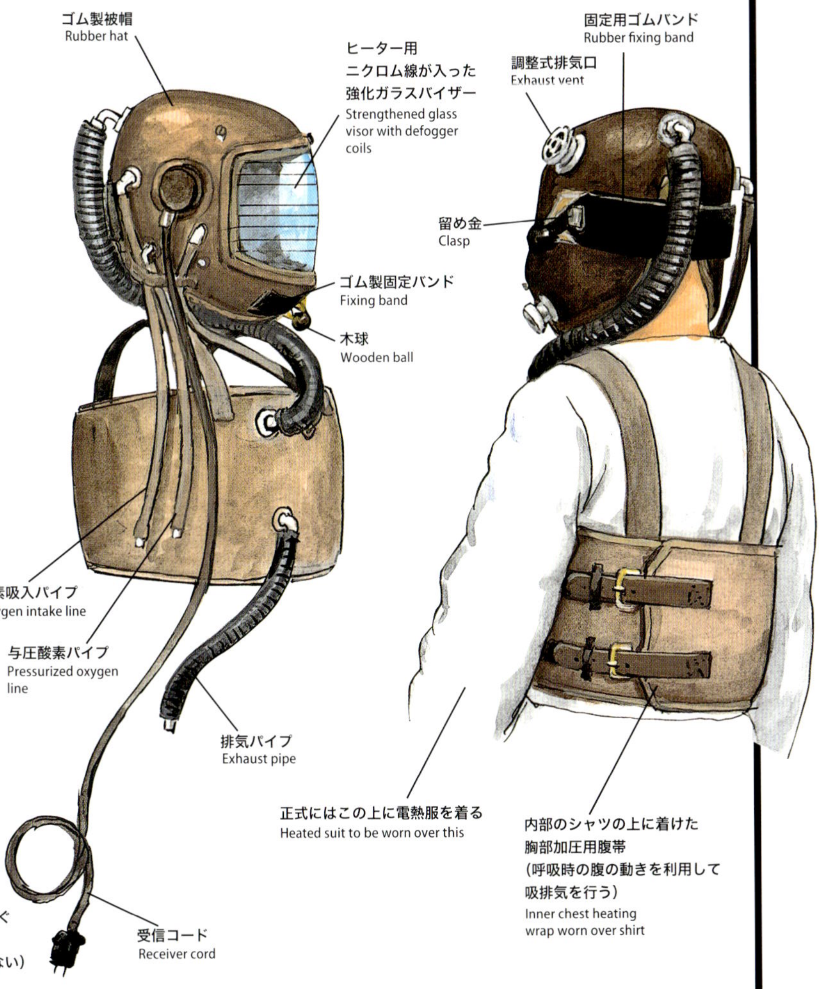

ロケット戦闘機「秋水」は、短時間で一万メートル近くまで上昇するので、低圧や酸欠に対しての防護が考えられていた。

秋水の原型であるドイツの「コメート」では最初から繭型の与圧キャビンを考えていたので、部分与圧のこのタイプの装具は考えられていなかったようである。

秋水は陸軍でも使用を考えていたので、この与圧帽は最初から一千個の量産がされていた。

昭和19年8月、海軍の大島正光技師（後の東大教授）達は、ラバウルで中攻を使用して一か月の実用テストを行った。「暑い南方で密封された与圧帽の着装はパイロットに不評であった」と笑いながら話されていた。

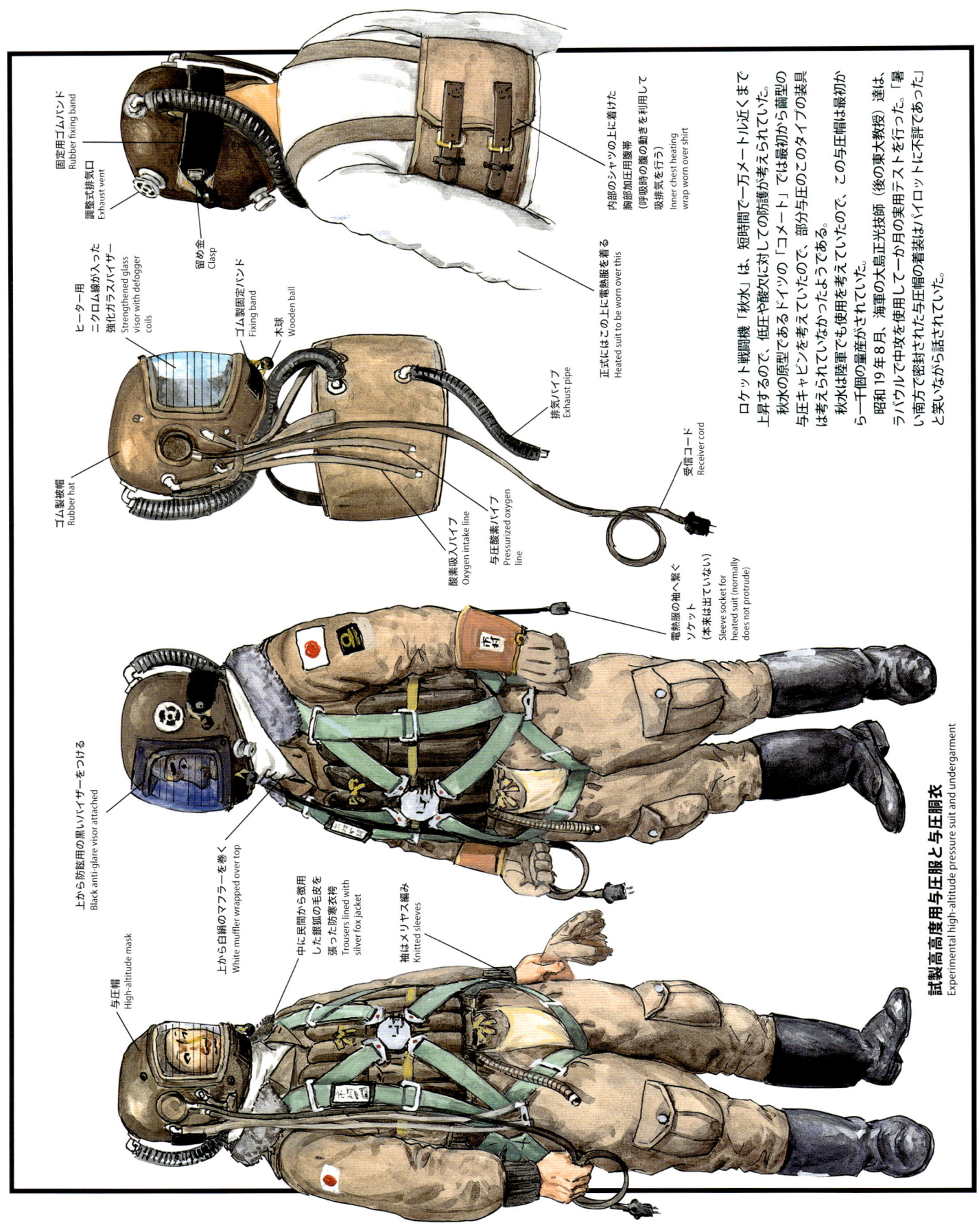

Chapter 2:
Carriers and Men and Planes and...

第二章
航空母艦と飛行機と人間と……

海軍航空隊といえば、昭和に入ってのち、日中戦争が始まるまでは航空母艦に搭載される艦載機群が、その実戦力のすべてであり、かつ花形であった。艦載機は航空母艦という限られた空間内に収められ、飛行するとき以外は何事にも制約を受けながら運用され、そこには陸上基地にはない独特の雰囲気が醸し出される。

しかし、残念なことに、日本海軍の機密保持はことさら厳しく、飛行甲板上の、差し障りのない場所しか、公開されなかった。格納庫内への艦載機収容状態、整備、兵装準備などの写真公開は論外のことだったのである。

それ故、今日、航空母艦における艦載機の現存写真は極端に少ない。その数少ない写真の中から、艦内作業も含めた人と機体との交わりを何枚か選び出し、まとめてみた。

航空母艦『赤城』の航空関係艦内配置図
Aviation system layout on Aircraft Carrier "Akagi"

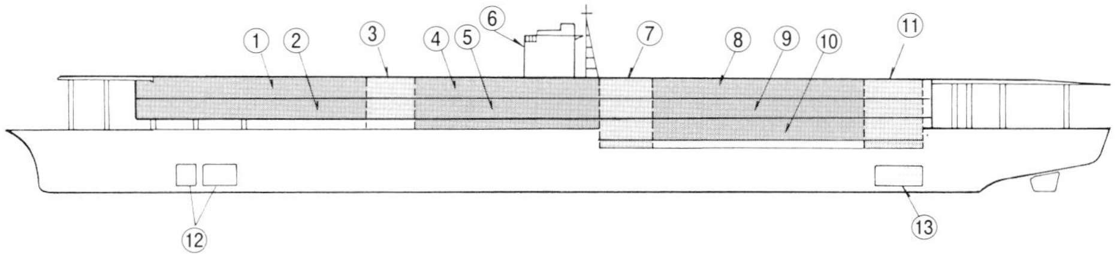

①前方上部格納庫 Forward upper hangar
②前方中部格納庫 Forward central hangar
③前方昇降機 Forward elevator
④中央上部格納庫 Midship upper hangar
⑤中央中部格納庫 Midship middle hangar
⑥艦橋 Bridge
⑦中央昇降機 Central elevator
⑧後方上部格納庫 Aft upper hangar
⑨後方中部格納庫 Aft middle hangar
⑩後方下部格納庫 Aft lower hangar
⑪後方昇降機 Aft elevator
⑫前方ガソリンタンク Forward gasoline tank
⑬後方ガソリンタンク Aft gasoline tank

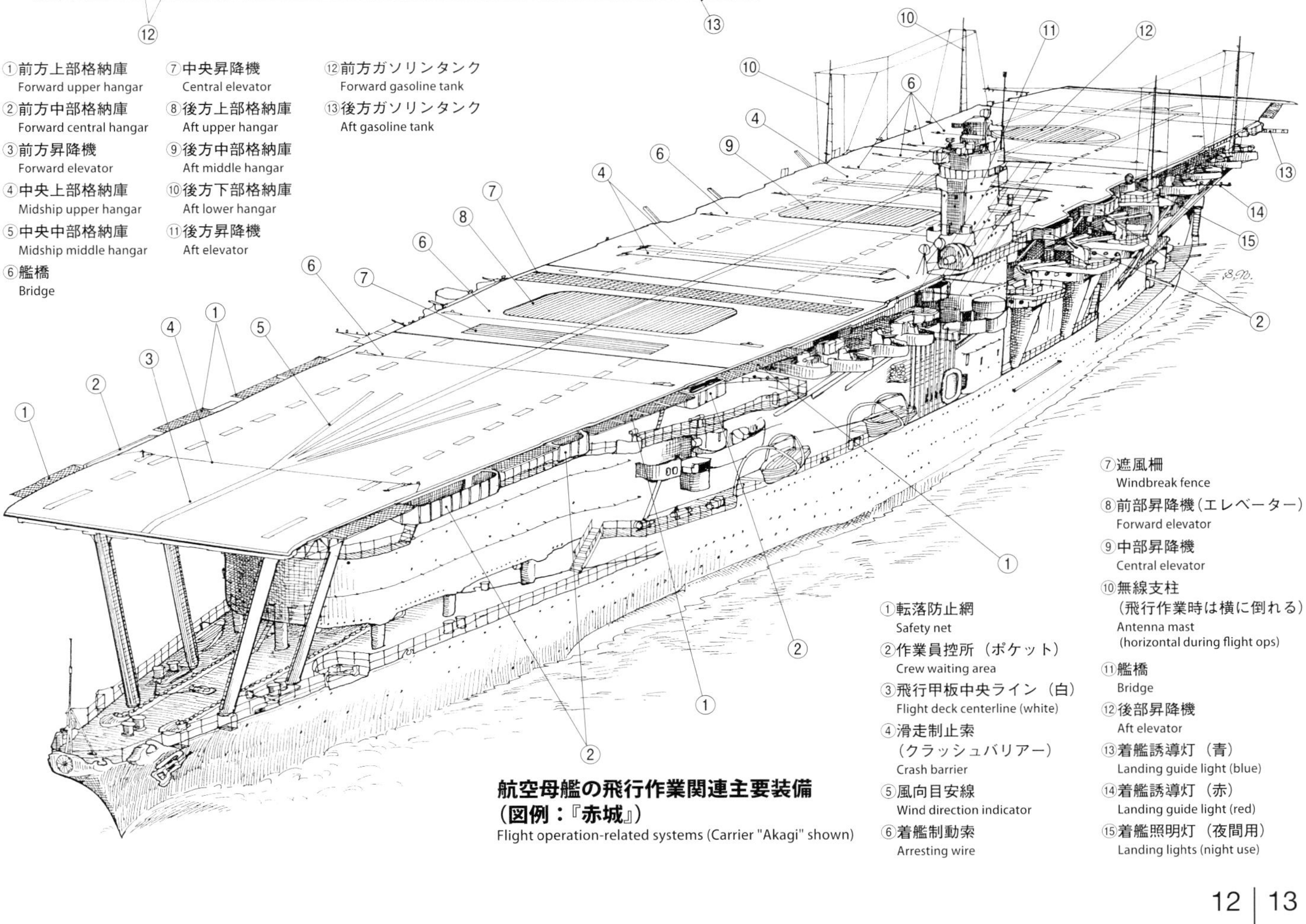

航空母艦の飛行作業関連主要装備
(図例：『赤城』)
Flight operation-related systems (Carrier "Akagi" shown)

①転落防止網 Safety net
②作業員控所（ポケット） Crew waiting area
③飛行甲板中央ライン（白） Flight deck centerline (white)
④滑走制止索（クラッシュバリアー） Crash barrier
⑤風向目安線 Wind direction indicator
⑥着艦制動索 Arresting wire
⑦遮風柵 Windbreak fence
⑧前部昇降機（エレベーター） Forward elevator
⑨中部昇降機 Central elevator
⑩無線支柱（飛行作業時は横に倒れる） Antenna mast (horizontal during flight ops)
⑪艦橋 Bridge
⑫後部昇降機 Aft elevator
⑬着艦誘導灯（青） Landing guide light (blue)
⑭着艦誘導灯（赤） Landing guide light (red)
⑮着艦照明灯（夜間用） Landing lights (night use)

13

Photo 13: Type 96 Model 4 Carrier Fighters undergoing engine testing on the flight deck of Soryu.

Photo 14: Kaga and escorts involved in an excercise in May of 1937. Type 89 Model 2 Carrier Attack planes and Type 94 Carrier Bombers are visible, but no Type 90 Carrier Fighters.

Photo 15: Carrier Akagi seen on December 8 (Dec. 7 Hawaii time), 1941 during the attack on Pearl Harbor.

Photo 16: The deck of Akagi, seen on December 6, 1941. A Zero Model 21 can be seen on standby in the foreground.

Photo 17: Carriers of the First Koku Kantai seen in late November, 1941, shortly before departing for Hawaii. Akagi's flight deck is in the foreground, with Kaga behind her, and from the right in the distance, Soryu, Hiyru, Zuikaku and Shokaku.

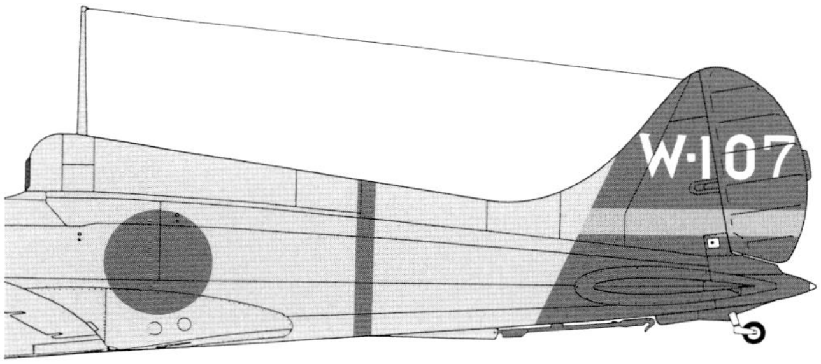

九六式四号艦戦　空母『蒼龍』搭載機　昭和 15 年
Type 96 Mk IV Carrier Fighter, Aircraft Carrier "Soryu," 1940
全面銀色／ワニス塗布仕上げ。尾翼、胴体帯は赤、機番号は白、その下方の帯は黄。

14

15

16

17

写真13
航空母艦『蒼龍』の飛行甲板上にて、発動機試運転中の九六式四号艦戦群。一見すると発艦作業のようだが、各機の主翼下面から甲板上に繋止索が伸びており、そうではないことがわかる。右手前の機体翼上に整備員が立っており、カウルフラップ直後付近を調整している。写真左端の「W-107」号は、機番号下方に黄帯を記入しており、小隊長乗機のようだ。昭和15（1940）年の撮影。

写真14
昭和12（1937）年5月、四国の南西海上における年度前期の演習に臨んだ、航空母艦『加賀』の艦載機群。艦橋から飛行甲板後方にかけて、約30機が発動機を始動し、発艦に備えている。右手前は先行偵察の任務を帯びた八九式二号艦攻、次の4列が九四式艦爆、その次の4列が八九式二号艦攻とつづき、最後方は、まだ主翼を折り畳んだままの同機が12機ほど待機している。九〇式艦戦の姿が見えないので、この写真は、攻撃演習時の撮影だったのだろう。それぞれの機体に取り付いた整備員の位置に注目されたい。赤い保安塗粧の尾翼に記入された機番号は白で、加賀搭載機を示す符号はカタカナの「ニ」。

写真15
昭和16（1941）年12月8日、真珠湾攻撃作戦中の航空母艦『赤城』。左舷側の艦橋後方に位置する、12㎝高角砲座から前方を望んだところ。各種の信号旗が翻るマストの向こう側が艦橋。高角砲員と対比すれば、大型空母がどの程度の規模であったかが想像できる。

写真16
単冠湾を出撃してから10日目の昭和16（1941）年12月6日。真珠湾攻撃を2日後に控えて、臨戦態勢を整える航空母艦『赤城』。乗組員により艦橋の周囲に弾片を防御するためのマントレットを装着している。手前は、万一の場合に備えた警戒待機中の零戦二一型で、発動機を潮風と寒さから守るため、カウリング全体を防寒用のカバーで覆っている。

写真17
真珠湾攻撃に出撃する直前の昭和16（1941）年11月下旬、千島列島の択捉島・単冠湾に集結した第一航空艦隊の航空母艦群。6隻すべてが写真内に収まった貴重な写真で、手前の飛行甲板は航空母艦『赤城』、そのすぐ後ろが『加賀』、遠方は右から順に『蒼龍』、『飛龍』、『瑞鶴』、『翔鶴』。『赤城』の甲板後方には、九九式艦爆が繋止されており、左側には飛行科員が集まって打ち合わせを行っている。板張りの甲板と、それを横切っている着艦制動索に注目。

18

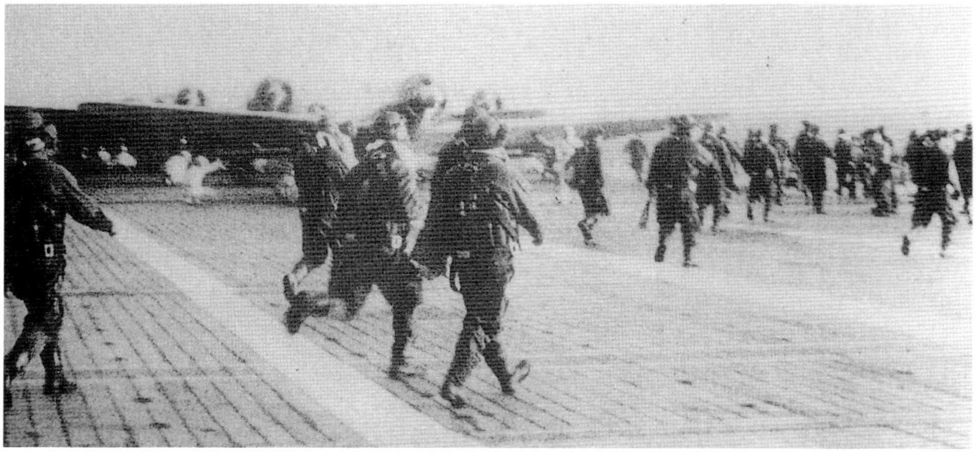
19

20

21

Photo 18: Type 91 Kai-2 aerial torpedoes on the deck of Akagi.

Photo 19: A scene during the launch of the second wave against Pearl Harbor on the deck of the Shokaku, early morning of Dec. 8, 1941 (Japan time).

Photo 20: Planes warming their engines prior to launch on the deck of Akagi.

Photo 21: Planes prepare for launch on the deck of Shokaku. Note the single Zero at the head of the pack, to fly cover over the ship while the attack planes launch.

Photo 22: The wings of a Type 97 being folded prior to its storage on the hangar deck.

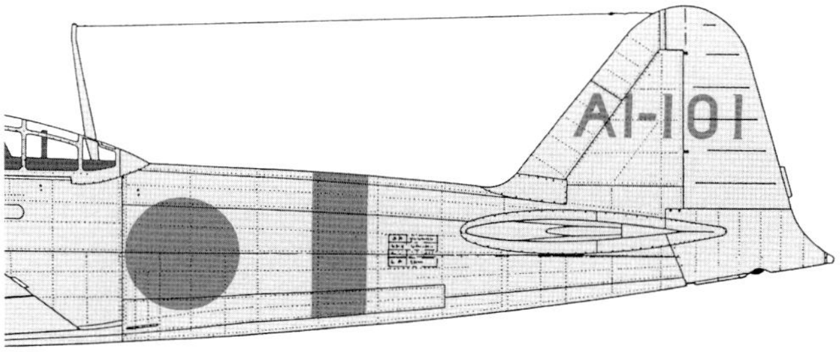

零戦二一型　空母『赤城』搭載機　昭和16年12月　ハワイ・真珠湾攻撃時
Type 0 Model 21 Carrier Fighter, Aircraft Carrier "Akagi," December 1941, Pearl Harbor
全面“飴色”(灰緑褐色)、胴体帯、尾翼機番号は赤。

22

写真18
　写真16と前後して撮影された赤城の甲板上風景で、台車に載せられた九一式改二航空魚雷が鮮明に写っている。そばに立つ乗組員と比較すれば、その魚雷の大きさがおよそ知れよう。この時点では、まだ浅海面対策の框板は取り付けられていない。遠方に写っている２隻の航空母艦は左が『飛龍』、右奥が『蒼龍』。彼方には雪を被った択捉島の山々が連なっている。

写真19
　集合した搭乗員は、訓示の後に隊長の発する「総員かかれ！」の号令一下、飛行甲板後方に並ぶ、それぞれの愛機を目指して小走りに急ぐ。昭和16（1941）年12月８日未明（日本時間）、第５航空戦隊の航空母艦『翔鶴』甲板上における、真珠湾に対する第二次攻撃隊出撃の模様。

写真20
　写真19の後刻、機動部隊旗艦である航空母艦『赤城』の飛行甲板上で、発艦前に発動機の暖気運転を行う艦載機群。手前の一群は、進藤三郎大尉率いる制空隊の零式一号艦戦二型で、水平線から上がったばかりの太陽に、回転するプロペラが反射して光っているのが印象的。各機の左、右主脚と、主翼下面と甲板を繋ぐ繋止索にとりついた計４名の整備員は、発艦の合図が出ると、ただちに車輪止めを外す役目を持っている。各機とも、まだ主翼下面の繋止索が付いたままなので、発艦まで少し時間があるようだ。

写真21
「発艦はじめ」の合図が出され、先頭の零戦群から次々と滑走発艦する模様を、航空母艦『赤城』の艦橋から見下ろす。この零戦「AI - 111」号は、『赤城』制空隊の殿機で佐野信平一飛兵の搭乗機。中央可動風防を開け放ち、座席をいっぱいに上げて、前方視界を確保している。舷側のポケットから盛大に見送る整備員たちの影が、飛行甲板上に長く伸び、黎明出撃の雰囲気を醸し出している。零戦のカウリング下方の甲板を横切る筋状のものは、着艦作業に用いる滑走制止索。

写真 22
　真珠湾攻撃から戻った、航空母艦『瑞鶴』搭載の九七式三号艦攻を格納庫へ収容するため、着艦直後ただちに主翼が折り畳まれているところ。アメリカ海軍機のように、油圧で折り畳むことはできず、整備員が手作業で片翼に数名がかりで行う。日本の空母での作業は、すべてが人力頼みだった。

23

24

25

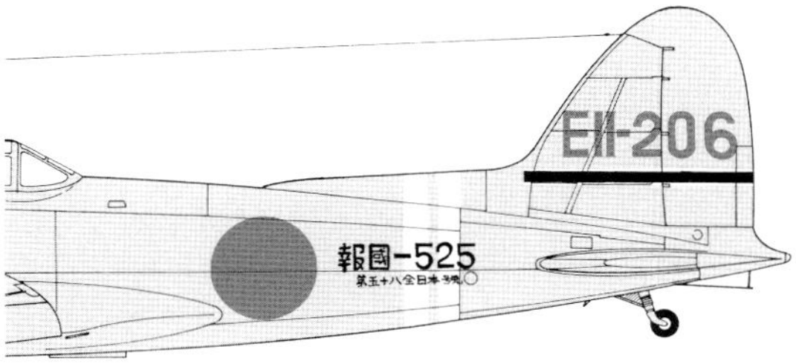

九九式艦爆　空母『瑞鶴』搭載機　昭和17年1月　南太平洋
Type 99 Carrier Bomber, Aircraft Carrier "Zuikaku," January 1942, South Pacific
全面灰色、胴体帯、主脚スパッツの紋様は白。
尾翼機番号は赤、その下方の帯は白フチどりの黒。

26

Photos 23-24: Two sequential shots showing the landing of a Type 97 Carrier Attack Plane (Kate) coming back from Pearl Harbor.

Photo 25: A Type 99 Model 11 Carrier Bomber (Val) launches from Zuikaku.

Photo 26: Preparations to launch planes from Zuikaku as part of "Operation R" against Rabaul on January 20, 1942.

写真23・24
真珠湾攻撃を終えて、母艦の『赤城』に着艦する九七式三号艦攻の連続写真。フラップは最大下げ位置で、速度はおよそ70kt（130km/h）前後である。写真23を見ればわかるように、母艦は波のうねりにより、上下左右に揺れており、着艦には細心の注意を必要とした。甲板上には、高さ30cmのところに４本の制動索が張ってあり、この内どれか１本に着艦フックを引っ掛ければよい。理想的には後方から３本目とされていた。もし、着艦するための接近が不適だった場合は、写真右手にいる係員が、手持ちの小旗を振って、操縦員に「着艦中止、やり直し」を知らせる。

写真25
航空母艦『瑞鶴』搭載機の発艦作業風景で、被写体は九九式艦爆一一型。零戦と違って、少しは長く滑走距離を確保できる（機体重量の軽い零戦が先頭で、そのあとに九九式艦爆、九七式艦攻の順に飛行甲板に並ぶ）ので、この機体も艦橋の位置よりずっと後方で、すでに水平姿勢になっており、離艦する直前である。

写真26
これも、航空母艦『瑞鶴』における発艦作業中の風景。昭和17（1942）年１月20日、ラバウル方面の攻略を目的とした「R」作戦参加時のもの。主翼下面と甲板を繋ぐ繋止索は、すでに外されており、手前の白旗を掲げた発着艦係員の左手が振り下ろされれば、ただちに主脚のそばにいる整備員が車輪止めを外し、零戦は滑走をはじめる。

27

28

29

30

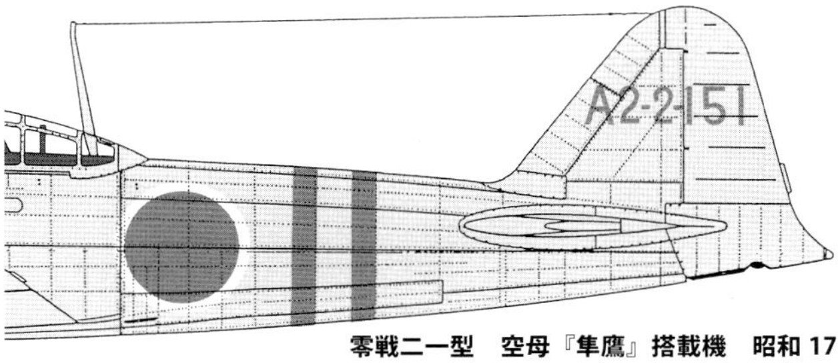

零戦二一型　空母『隼鷹』搭載機　昭和 17 年末　南太平洋
Type 0 Model 21 Carrier Fighter, Aircraft Carrier "Junyo," Late 1942, South Pacific
全面“飴色”（灰緑褐色）、胴体日の丸のみ白フチ付き。
主翼前縁に幅広い味方機識別帯（黄）あり、胴体帯、尾翼機番号は赤。

Photo 27: A Model 21 Zero undergoing pre-launch preparations on Shokaku in early 1942. Note the dents in the surface of the "-20" drop tank from extensive use.

Photo 28: The flight deck of Zuikaku as she steams south in the Pacific, May 8, 1942. The leading two aircraft are not covered to permit them to get airborne quickly if enemy planes are spotted.

Photo 29: The planes on the flight deck of Shokaku fire up their engines prior to launching.

Photo 30: The recovery and storage of Zero fighters onboard carrier Junyo in the summer of 1941.

Photo 31: Air unit personnel killing time in the latter half of 1942.

31

写真 27
昭和 17（1942）年前半期、航空母艦『翔鶴』飛行甲板上における、零式一号艦戦二型の発艦前の模様。車輪止め、繋止索それぞれに整備員が取り付いて「外せ」の合図を待っている。手前の「EI - 120」号は、主翼下面に小型爆弾懸吊架を付けていることに注目。使い捨ての落下増槽だが、出撃しても空中戦が生起しなければ、そのまま付けて帰還し、再利用するので「 - 20」号のように、使い込まれて表面に凹凸を生じるものもあった。「現用飴色」塗装の光沢に注意されたい。

写真 28
史上初の航空母艦同士の戦いとなった、昭和 17（1942）年 5 月 8 日の珊瑚海海戦に臨むべく、太平洋を南下する航空母艦『瑞鶴』の飛行甲板。出撃も近く、多数の艦載機が甲板に露天繋止している。南国の強烈な直射日光から操縦室を保護するため、各機とも白色の覆いを被せており、整備員たちも主翼の陰に座って陽射しを避けている。手前の 2 機だけ、日除け覆いを被せていないのは、万一の敵機来襲に備えた警戒待機の任務を帯びているため。

写真 29
日時、場所は異なるが、写真 28 のあとに続く風景と思ってよい一葉。発艦に備え、航空母艦『翔鶴』の飛行甲板に並んだ各機が、一斉に発動機を始動したところである。昭和 17 年 10 月 26 日に生起した、南太平洋海戦時の撮影と思われる。整備員の待機要領は、これまでと同じ。3 列に並ぶ各機のうち、左右外側の機体は、甲板中心線に平行ではなく、それぞれ少し内側に向けてある。

写真 30
昭和 17（1941）年夏、航空母艦『隼鷹』における零戦の着艦収容の模様。飛行甲板前部までタキシングしてきた手前の零戦は、発動機を停止し、整備員に手押しされ、甲板前端に集まっている僚機のところまで移動する。ちょうど、主翼に重なった甲板上にある柵状に小穴の開いた部分は遮風柵、水平尾翼に沿った仕切り線は、前部昇降機（エレベーター）の縁。

写真 31
空母名は不明だが、昭和 18（1942）年後半に撮影された、飛行科員の待機風景。彼らが待機する甲板脇の位置は、通称「ポケット」と呼ばれ、甲板前部から後部にかけて、左右に何か所も設けられていた。彼らの向こうに、発着艦作業中は、邪魔にならないように倒される無線の支柱が見える。上方に写っている主翼は、九七式艦攻のものだろう。

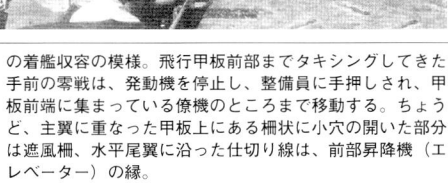

32

33

34

35

Photos 32-35: Sequential views of a Nakajima-built Zero Model 21 being unloaded from a cargo ship to a smaller vessel after arriving at Truk Island.

写真32・33・34・35
　昭和17（1942）年秋頃、内地から輸送船でトラック島に運ばれてきた中島製の零戦二一型が、デリックを使って吊り上げられ、島へ陸揚げするためのハシケに積み込まれるまでの連続写真。この種の作業を記録した写真は他にほとんどなく、資料性という面からも、きわめて貴重なものといえるので、章の最後に掲載しておきたい。零戦は、露天繋止ではなく、船倉内に収めて運ばれてきたもので、主翼端を上方に折り曲げている。風防付近の胴体左右に４か所ある金具へ吊り上げ索を引っ掛けている。強い海風で動翼が動いて損傷しないように補助翼、昇降舵、方向舵には、固定具が挟まれている。輸送船の甲板上の様子、木製のハシケの造りなども鮮明に捉えており、興味深い。

Chapter 3: Carriers and Waterfowl

第三章
母艦と水鳥たち

主力艦の保有量を、アメリカ、イギリス海軍の６割に制限された日本海軍が、その不利を補う手段のひとつとして、航空戦力の充実に意を注いだことは承知の事実だが、その中には水上艦船の目となり耳となって働く水上機も含まれていた。

そもそも、日本海軍の航空戦力は、最初の航空機搭載艦『若宮』からして水上機母艦であり、水上機と、それに係る設備、運用法は、列強国海軍の中では、頭ひとつ抜きん出たレベルであったといってもよい。

水上機は、同じ海上航空戦力といっても、航空母艦の艦載機とは設計が根本から違っており、また運用面でも然りなので、これに関わる兵員たちの日常作業も、自ずから赴きを異にする。本章では、そのような「水鳥」たちと兵員たちの関わりに焦点をあてたものを集めてみた。

36

Photo 36: A Type 94 (right) and Type 95 Reconnaissance Seaplane seen undergoing maintenance on the deck of a seaplane carrier shortly after the start of the war with the US.

Photo 37: The rear flight deck of seaplane carrier Zuiho seen in the spring of 1939.

Photo 38: Crew working to mount a bomb on a Type 94 Recon. Seaplane, mounted on a catapult.

Photo 39: "YI-51" a Type 94 Recon. Seaplane from carrier Chitose visits the battleship Nagato in October, 1941.

Photo 40: A Type 94 being hoisted from the water by the heavy cruiser Chokai.

38

37

39

40

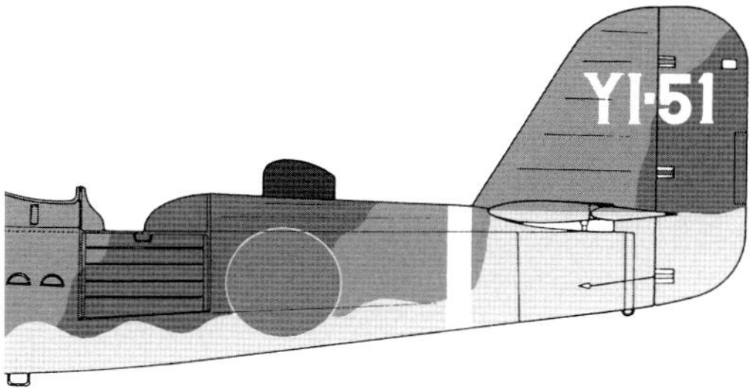

九四式二号水偵　水上機母艦『千歳』搭載機　昭和 16 年 10 月　瀬戸内海
Type 94 Mk II Reconnaissance Seaplane, Seaplane Carrier "Chitose," October 1941, Setonaikai (Inland Sea)
上面は緑黒色と土色の雲形塗り分け迷彩、下面は灰色、胴体帯、尾翼番号は白。

写真36
　太平洋戦争開戦直後の、水上機母艦での撮影と思われる九四式二号水偵（右）、および九五式水偵（左）の整備風景。車輪付きの陸上、艦上機と違い、限られた収容スペースしかない艦上にある台車上に載った水上機は、整備員の足場を確保するのもひと苦労である。右の九四式水偵のように双フロートの支柱に足掛けが付いていたりすれば、発動機の点検も少しは楽だが、単フロート機では、そうもいかない。左の九五式水偵は尾翼点検中らしく、適当な高さの木製の足場を下に置いて作業している。

写真37
　昭和14（1939）年春、日中戦争に参加した水上機母艦『瑞穂』の後部甲板付近を右舷側より見る。右手前の射出機（カタパルト）にはシートが被せたままになっているので、発動機を始動した九四式二号水偵「2-1-55」号は、試運転をしているようだ。上方には、艦載機揚収用のデリックが2つ確認できる。当時の『瑞穂』の搭載機定数は、九四、九五式水偵が計24機。

写真38
　射出機上にセットされた九四式水偵に、爆弾を懸吊しようとしている整備員。写真左下に写っているのは六番（60kg）爆弾で、これを機器を使わずに人力で射出機上の機体に懸吊するのは、いかにも大変な作業であった。

写真39
　開戦を間近に控えた昭和16（1941）年10月、連合艦隊旗艦、戦艦『長門』を用務連絡のために訪れた水上機母艦『千歳』搭載の九四式二号水偵「YI-51」号が、クレーンにより『長門』の後部甲板に引き揚げられたところ。作業員が主翼の上に昇り、クレーンのフックから吊り上げ索を外している。戦艦でも、こうした外来の水上機を置く空間が充分にないことがわかる。写真左上の砲身は『長門』の3番主砲。

写真40
　任務を終えて、母艦である重巡洋艦『鳥海』のそばに着水し、クレーンで甲板上に引き揚げられようとしている九四式二号水偵。クレーンの吊り上げ索の中間には、1人乗りのゴンドラが付いており、作業員はここから機体側の吊り上げ索をクレーンのフックに引っ掛ける。手前ではボートダビットに作業員がよじ昇り、カッターの収容にかかるようだ。昭和17（1942）年、シンガポール錨地にて。

41

42

Photo 41: A Type 95 seen being prepared for launch aboard heavy cruiser Takao in late 1937 or early 1938.

Photo 42: A Type 95 being mounted on a catapult on the flight deck of battleship Nagato.

写真41
昭和12（1937）年末～13（1938）年はじめ、中国大陸南部攻略作戦支援のため、重巡洋艦『高雄』の射出機上にセットされ、発進準備中の九五式水偵。鮮明な写真で、フロート支柱まわり、射出の際に機体を載せる滑走車の構造などがよくわかる。左、右下翼には、すでに六番（60kg）陸用爆弾各１発を懸吊している。

写真42
戦艦『長門』の航空甲板付近における、九五式水偵の射出機へのセット作業の模様。甲板上を通る運搬軌条を、台車に載せて人力により移動し、左手前の射出機後端に接続して、滑走車ごと機体を射出機の軌条に滑らせるのである。これだけで８名ほどの人手がいる。すでに九五式水偵は発動機を始動しており、セット完了次第、すぐにでも射出されるようだ。

カタパルト（射出機）の仕組み

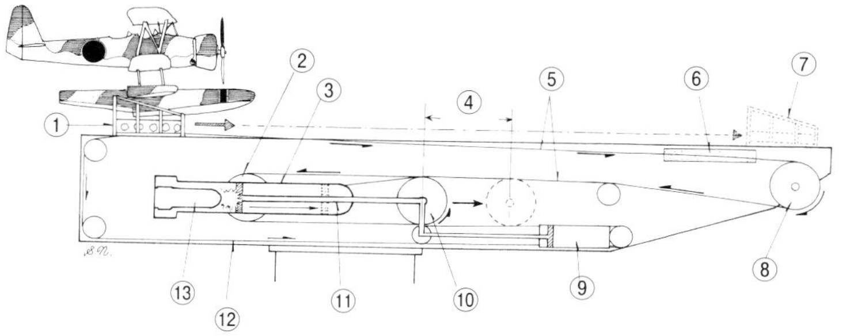

呉式二号射出機概略図 Kure-type Mk II Catapult

①単フロート機用滑走車 Single float launch dolly
②固定滑車 Fixed dolly
③爆発筒 Blast tube
④ピストン行程 Piston
⑤作動索 Activation cable
⑥緩衝装置 Shock absorber
⑦滑走車停止位置 Dolly stopped position
⑧前部導滑車 Forward glide wheel
⑨復帰装置 Return mechanism
⑩移動滑車 Moving dolly
⑪ピストン Piston
⑫復帰索 Return cable
⑬爆発内筒 Inner blast tube

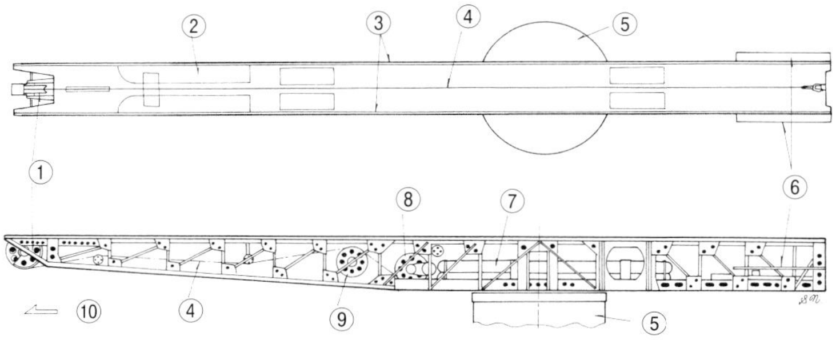

呉式二号五型射出機外観図 Kure-type Mk II Model 5 Catapult

①前部導滑車 Forward glide wheel
②緩衝装置 Shock absorber
③滑走軌条 Launch rail
④作動索 Activation cable
⑤旋回および取り付け基部 Pivot and mount
⑥作業用足場 Footstep
⑦爆発筒 Blast tube
⑧移動滑車 Moving dolly
⑨固定滑車 Fixed glide wheel
⑩射出方向 Launch direction

零式水偵の射出機セット状態
Type 0 Reconnaissance Seaplane Catapult Launch Setting

①双フロート機用滑走車 Twin float launch dolly
②呉式二号三型射出機 Kure-type Mk II Model 3 Catapult

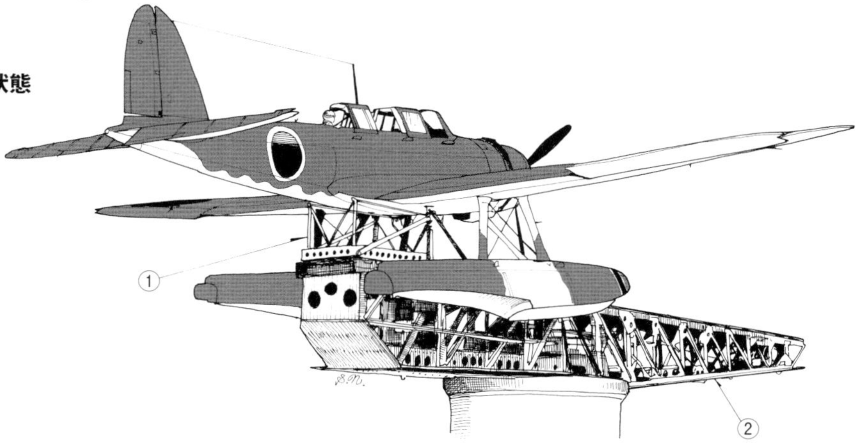

航空母艦、および水上機母艦以外の戦艦、巡洋艦などに水上偵察機を搭載して、偵察、哨戒、弾着観測などを行わせるという構想は、日本海軍においてもすでに大正６年（1917）年に具体化し、巡洋戦艦『金剛』が初めてホ号水偵を実験的に搭載して演習に参加した。

しかし、この当時は、まだカタパルト（日本海軍では射出機と称した）が実用化できず、搭載機はデリック、またはクレーンで海面に降ろしてから発進するしかなく、波の荒い状態では離水することが困難で、また時間もかかるなど、その運用はかなり制限された。

昭和３（1928）年になって、ようやく国産のカタパルト第１号、呉式一号型（圧搾空気式）が、次いで同５（1930）年にはさらに能率向上した呉式二号型（火薬式）が完成して、カタパルト発射による水上機の運用が一般化した。搭載する水上機も、カタパルト射出時の衝撃に耐える強度が必要であり、最初にその能力をもった機体として採用されたのが十五式水偵だった。そして本機以後に採用される水偵は、すべてカタパルト発射可能であることが条件になったのである。

昭和10（1935）年に航空廠が完成させた呉式二号五型射出機（火薬式）は、当時の世界水準をしのぐ優秀なカタパルトで、最大射出重量４トン、最大射出速度55ノット（101.8km／h）の性能を有し、改装後のすべての戦艦と重巡洋艦に装備されて、太平洋戦争の最後まで使用された。

戦艦、重巡洋艦などにおける搭載機運用施設は、艦体後部に装備したカタパルト付近の甲板に搭載機を繋止、および移動させるための運搬軌条（レール）を敷き、各軌条の交差する部分には方向転換用の旋回盤（ターンテーブル）を設置した。これらの装備が施された部分を航空甲板と称した。

搭載機は、クレーンによって、運搬用台車と滑走車を組み合わせた上に載せられて繋止され、射出の際はレール上を移動してカタパルト後部に台車を接続、滑走車ごとスライドさせてカタパルト上にセットした後、発動機を全速回転させた状態で風上に向けて射出された。

滑走車は単フロート機用と双フロート機用では骨組みが異なった。

呉式二号型射出機の構造概略は上図に示したようなもので、箱型断面の骨組みの中に爆発筒、ピストン、滑車、作動索を配置し、火薬の爆発力によって移動滑車が前方に押し出され、その際に導滑車を介した作動索が、搭載機をセットした滑走車を左、右両端レールに沿って勢いよく前方に引っ張って発進させる。このときに搭乗員にかかる重力は３～４Ｇ程度であった。

搭載機が射出されたあとは、緩衝装置によって射出機の先端で停止した滑走車は内部の復帰装置によって台車上に戻され、次の機体がセットされる。任務を終えた搭載機は、母艦近くに着水して接近し、クレーンによって揚収され、再び航空甲板上に繋止された。

43

44

Photo 43: A Type 95 prepares for a water take-off after being lowered to the surface by the carrier's crane.

Photo 44: A Type 95 moves into position for recovery after landing near the carrier, as crew members wait.

Photo 45: Crew prepare to catch the hook between the wings to lock the plane into position for hoisting.

Photo 46: Crew standing on the aircraft help the worker on the ship guide the plane into position with ropes.

Photo 47: Recovery of a Type 95 in October, 1941 on the battleship Nagato.

45

46

47

写真43
　母艦のクレーンで海面に降ろされ、滑水して発進しようとしている九五式水偵。後席の偵察員が上翼に腹這いになって、クレーンのフックから外した機体備え付けの吊り上げ索を、同索取付部の収納筐にしまい込んでいる。海面に降ろされてからでは、発動機の始動はできないので、すでに母艦上で始動させた発動機が低速で回転している。

写真44
　任務を終えて母艦近くの海面に着水したのち、微速にて滑水し、近づいてくる九五式水偵を、作業員が出迎える。揚収に備え、後席の偵察員が上翼の上に立ち、吊り上げ索を取り出して待機している。

写真45
　撮影場所、日時ともに、写真44とは別のものだが、情景的に続く一葉。水上機は母艦の舷側には近づいてきても、車のようにクレーンのフックが届く範囲に、うまく寄せられるほどの小回りがきかないので、写真右端から伸びている、作業員が手に持つ鉤棒で、翼間支柱などに引っ掛け、機体を所定の位置にたぐり寄せる。上翼に、吊り上げ索をつかみ、仁王立ちになった偵察員の姿が見える。

写真46
　母艦のクレーンで吊り上げられた九五式水偵。機上に立つ２人の搭乗員、手前でロープを手繰る母艦作業員によって手ばやく揚収されるよう、協力して働く姿がよくわかる。

写真47
　情景的には写真46と前後するが、こちらは、昭和16（1641）年10月における、戦艦『長門』搭載の九五式水偵を揚収する風景。操縦員が手に掛けている吊り上げ索は、上翼中央部の、金属製の4か所の部分に引っ掛けることがわかる。クレーンの吊り上げ索から、写真左下にかけて伸びているのが、機体の向きを調整するロープ。

Photo 48: "AI-2," at Type 95 on Nagato, being moved into position.

Photo 49: A Type 95 on Nagato is refueled and checked in preparation for its next flight.

Photos 50-51: Scenes showing the recovery of "WI-3" onboard the heavy cruiser "Nachi" in the north Pacific during 1943.

48

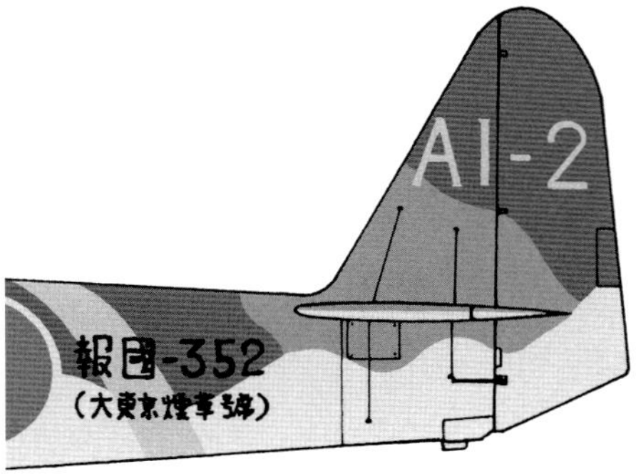

Type 95 Reconnaissance Seaplane, Battleship "Nagato," October 1941, Setonaikai (Inland Sea)

九五式水偵　戦艦『長門』搭載機
昭和 16 年 10 月　瀬戸内海

上面は緑黒色と土色の雲形塗り分け迷彩。
下面は灰色、胴体の斜帯と尾翼機番号は黄。

49

51

九五式水偵　重巡洋艦『那智』搭載機
昭和 18 年　北太平洋

Type 95 Reconnaissance Seaplane,
Heavy Cruiser "Nachi," 1942, North Pacific

上面は濃緑黒色、下面は灰色、カウリングは黒。
各日の丸はすべて白フチ付き。
主翼前縁に味方識別帯（黄）あり、尾翼機番号は白。

50

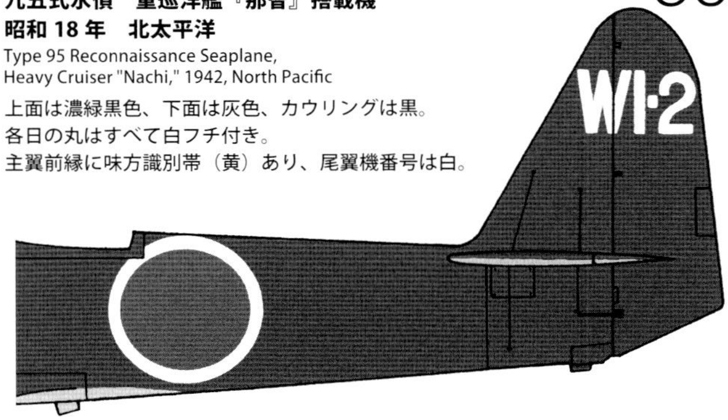

写真 48
　写真 47 に続く情景で、戦艦『長門』の後部艦橋直後に設けられた航空甲板にセットされようとしている九五式水偵「AI-2」号。写真右下では、作業員３名がロープをたぐって、機体の位置を定めようとしている。フロートの真下で作業員数名が押さえているのが滑走車、および移動用の台車。左端に揚降用クレーンの支柱の一部が写っている。

写真 49
　航空甲板上にセットされ、次の任務に備え、燃料補給、および整備・点検中の戦艦『長門』搭載の九五式水偵。台車、滑走車の上に載った九五式水偵は甲板からかなりの高さにあり、燃料ホースを胴体内タンクの注入口に差し込むにも整備員が機体によじ登り何人もの手で行わなければならず、容易ではない。写真右上は、別の九五式水偵の尾部で、狭いスペースに収容されるため、後方の機と接触しないように方向舵が右へ転舵されている。

写真 50・51
　作業手順は、前掲の戦艦『長門』搭載機と同じであるが、撮影場所、日時、角度などが異なる。昭和 18（1943）年、北太平洋を行動中の重巡洋艦『那智』搭載の「WI-3」号。九五式水偵としては時期的に最後期の塗装仕様となる上面濃緑黒色／下面灰色で、日の丸には規定どうりの幅 75㎜白フチと主翼前縁に黄色の味方機識別帯を記入した姿である。九五式水偵は、フロート、胴体前半を除けば、外皮はほとんど羽布張りであり、搭乗員が揚収の際に足を掛ける部分も限られる。

Photo 52: A Type 0 is lowered to the water in preparation for takeoff from Kimikawa-maru.

Photo 53: A Type 0 prepares to be recovered after landing near a carrier.

Photo 54: A Type 0 being lowered to the deck of Kimikawa-maru.

Photo 55: The Type 0 Reconnaissance Seaplane "531-03" seen posed with her crew and others on the deck of the special cruiser "Akagi-maru" in 1943.

Photo 56: The area around the catapult onboard the special seaplane carrier Kimikawa-maru.

52

53

54

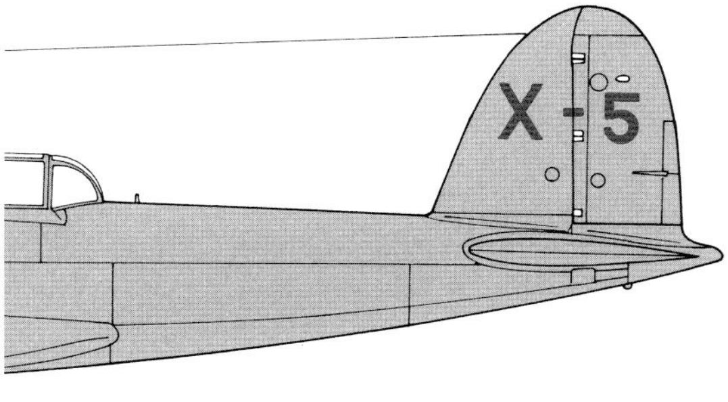

零式水偵一一型　水上機母艦『君川丸』搭載機
昭和 17 年 1 月　北太平洋

Type 0 Model 11 Reconnaissance Seaplane, Seaplane Carrier "Kimikawa-maru," January 1942, North Pacific

全面灰色、各日の丸は防諜上の配慮により灰色で塗り潰してある。

尾翼機番号は赤。

55

56

写真 52
　特設水上機母艦『君川丸』搭載の零式水偵一一型による出動の模様。開戦直後の昭和 17（1942）年 1 ～ 2 月ごろ、千島列島北部海域を偵察行動したときのもので、発進には射出機を使わず、デリックで海面に降ろし、自力で滑水するようだ。すでに発動機は始動しており、海面に降りると同時に索をフックから外すため、吊り上げ索に搭乗員の 1 人が取り付いている。舷側では母艦乗組員が見守っている。

写真 53
　写真 52 と同じときの撮影で、偵察任務を終えた零式水偵が、母艦の近くに着水して、舷側に近づき、デリックのフックに吊り上げ索を引っ掛けて揚収されるところ。厳冬期の北太平洋は、氷点下 20 度以下になることもしばしばで、海面に浮く無数の丸い氷紋がそれを示している。

写真 54
　写真 53 に続く風景で、特設水上機母艦『君川丸』の甲板上に降ろされようとしている零式水偵。作業員が、前、後からロープをたぐって、機体の向きを調整している。零式水偵は単葉機なので、吊り上げ索は操縦席左、右の胴体部 4 か所に引っ掛ける。胴体の日の丸が灰色で塗り潰してあるのは、この当時、日本はソビエトと不可侵条約を結んでおり、カムチャッカ半島近くを飛行する関係で、同国を刺激しないよう、国籍を秘匿する必要があったため。

写真 55
　昭和 18（1943）年、北太平洋方面を担当戦区とする、第 5 艦隊に属する特設巡洋艦『赤城丸』の甲板に繋止された、零式水偵一一型「531 - 03」号と飛行科員。特設巡洋艦は、主に高速商船に武装を施しただけのものなので射出機は装備しておらず、写真の零式水偵も甲板上の台架に固定されている。

写真 56
　写真 52 ～ 54 と同じ特設水上機母艦『君川丸』の射出機付近。零式水偵一一型のセットが完了し、搭乗員が甲板から左側フロートに立て掛けたハシゴを使い、機上に登っている。写真の左下が射出機の基部で、ここを中心に回転する。特設水上機母艦は、写真 55 の特設巡洋艦『赤城丸』と同じく、徴用された商船の改造ながら、昭和 14（1939）年以降、射出機を備え、能力的にも正規の水上機母艦に準ずるものを有していた。

57

58

Photo 57: A Type 0 Light Seaplane seen moments before launch on the catapult of I-29 in the Indian Ocean, April or May 1943.

Photo 58: A shot from the catapult of I-37 taken just as she launches a Type 0.

Photo 59: A Type 0 Observation Seaplane seen aboard Kimikawa-maru in the latter half of 1943, during operations in the Senshima Islands.

Photo 60: Type 2 Fighter Seaplanes (Zero Fighters with floats) seen on the deck of Kamikawa-maru while heading south in the Pacific, August 1942.

59

二式水戦　水上機母艦『神川丸』搭載機　昭和 17 年 8 月　南太平洋
Type 2 Seaplane Fighter, Seaplane Carrier Kamikawa-maru, August 1942, South Pacific
全面“飴色”（灰緑褐色）、胴体帯は白、尾翼機番号は赤。

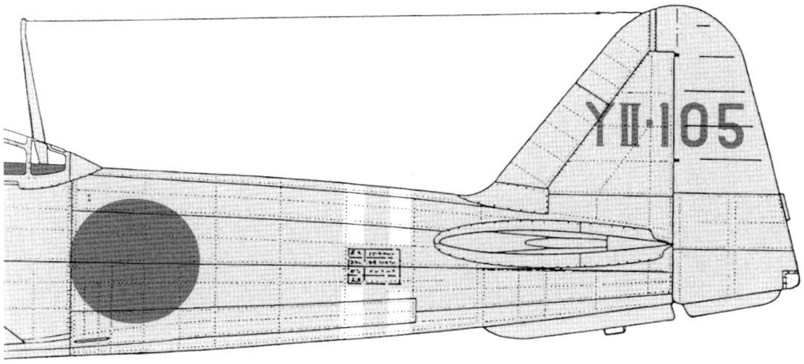

60

写真57
　昭和18（1943）年４月末～５月はじめ、インド洋を航行する、潜水艦『伊号第29』の射出機上にセットされ、射出される直前の零式小型水上機。非常に小型の本機でも、射出機上にセットすると、その左、右で、最後の点検に動き回る作業員のスペースはきわめて狭い。

写真58
　撮影場所、日時、搭載艦が異なるが、写真57の続きを思わせる風景。潜水艦『伊号第37』の射出機から、同艦搭載の零式小型水上機が射出された瞬間を捉えている。射出機付近では、主翼を避けるために背を丸めた作業員が見守っている。機体を載せた滑走車は、射出機の先端で停止し、復帰装置により元の位置に戻る。右手前に見えているのは、機体を分解して収容する格納筒。

写真59
　昭和18（1943）年半ば、千島列島方面を作戦行動中の、特設水上機母艦『君川丸』の甲板に繋止される零式観測機。移動軌条に台車、その上に滑走車を介して機体を載せている。強い海風から守るために台車は運搬軌条に鎖で固定し、下翼は台車と甲板へロープを繋いである。発動機、操縦室にはカバーを被せ、各動翼も動かないように固定具で抑えている。手前の作業員たちは甲板上を点検している。

写真60
　昭和17（1942）年８月下旬、アメリカ軍のガナルカナル島上陸で、にわかに緊迫したソロモン戦域を支援するため、横須賀を出港し、太平洋を南下する特設水上機母艦『神川丸』の後部甲板上に繋止される二式水戦。右から２、４番目の機体が発動機を始動しているのは、格納庫のない特設水上機母艦の搭載機が露天繋止で潮風にさらされ、発動機などの調子が悪くなるのを防ぐためである。足場もないので、整備員は、左、右主翼付け根に２名しか取り付けない。

Chapter 4: During the Victories

第四章
勝ち戦さの中で……

　真珠湾攻撃によって、太平洋戦争に突入した日本陸海軍は、同時に南方進攻作戦を発動して、フィリピン、マレー半島の攻略を目指した。海軍航空部隊は、台湾各基地からフィリピンに対する攻撃を担当し、開戦初日の第一撃で在フィリピンのアメリカ陸軍航空戦力の大半を壊滅せしめ、以後の攻略作戦を有利に進める下地をつくった。

　フィリピン攻略ののち、日本軍の矛先は蘭印（現インドネシア）に向けられ、海軍航空部隊、とりわけ第３航空隊、台南航空隊の零戦部隊の際立った活躍により、連合国側の航空戦力を一掃、昭和17（1942）年３月までに、同方面のほぼ全域を攻略することに成功した。

　予想を越える速い進攻で、航空部隊も目まぐるしく基地を移動したため、整備員、物資などの手配が間に合わない場合も生じた。こうした地上員たちの苦労も、この章で掲載した写真から分かると思う。

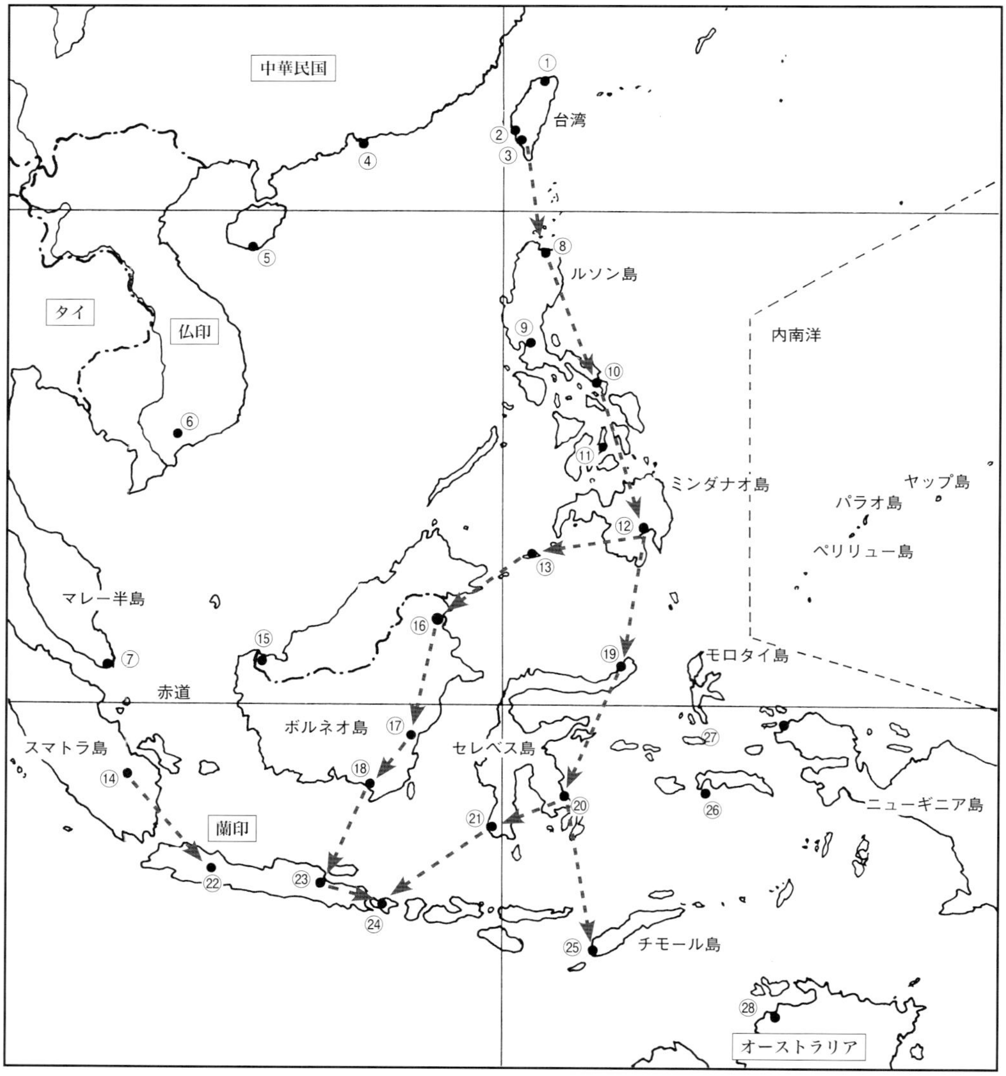

海軍航空隊の基地進捗状況
（昭和16年12月8日～17年3月）

①台北
②台南
③高雄
④香港
⑤三亜
⑥サイゴン
⑦シンガポール
⑧アパリ
⑨マニラ
⑩レガスピー
⑪セブ島
⑫ダバオ
⑬ホロ島
⑭パレンバン
⑮クチン
⑯タラカン
⑰バリクパパン
⑱バンジェルマシン
⑲メナド
⑳ケンダリー
㉑マカッサル
㉒バンドン
㉓スラバヤ
㉔バリ島
㉕クーパン
㉖アンボン島
㉗ソロン
㉘ポートダーウィン

61

62

Photo 61: A Zero 21 takes oil from a tanker truck at Kaohsiung base.

Photo 62: Early morning maintenance seen at Manado air base on Celebes, in a photo taken on January 14, 1942.

Photo 63: A scene before a sortie from Kaohsiung air base. From the low number of people, and the the map and other items held by the crew in the foreground, they may be flying a Type 98 Land Reconnaissance Plane.

63

写真61
　まだ夜も明けきらぬ黎明の高雄基地にて、出撃に備え、タンク車から潤滑油の補給を受ける第３航空隊の零式一号艦戦二型。機体も翼上の地上員もシルエット状にしかみえない。当時の台湾は日本の統治下にあり、基地の施設も充実していたので整備も容易であった。

写真62
　これも写真61と同じ、第３航空隊所属の零戦に対する早朝の整備風景だが、日時は昭和17（1942）年１月14日、場所はセレベス島のメナド飛行場に変わっている。この機体は『栄』発動機に不調をきたしたものか、７名もの地上員により点検中である。周囲にある木製枠組の足場が、前線基地の雰囲気を醸し出している。開戦当時の第３航空隊の零戦装備定数は54機もあり、いかに稼働率が高かった本機とはいえ、これを維持するのは並大抵の苦労ではなかった。

写真63
　高雄基地における第３航空隊搭乗員の出撃前の情景。人数が少ないのと、手前の搭乗員が手にしている航空地図と用具袋からみて、九八式陸偵の搭乗員かもしれない。台南航空隊でもそうであるが、戦闘機隊である第３航空隊は、独自に陸偵隊を擁し、開戦当時には、九八式陸偵６機を保有していた。同機の乗員は２名であり、写真に写っている合計人数とほぼ合致する。写真左の黒っぽい一種軍装の３名が､隊の「お偉方」である。後方にある木製の枠組みは、司令官の訓示台。

零戦二一型　第 3 航空隊　昭和 16 年 12 月
台湾／高雄

Type 0 Model 21 Carrier Fighter, 3rd Kokutai, December 1941, Kaohsiung, Taiwan

全面“飴色”（灰緑褐色）、胴体帯は白。
尾翼機番号は黒。その下方の帯は白。

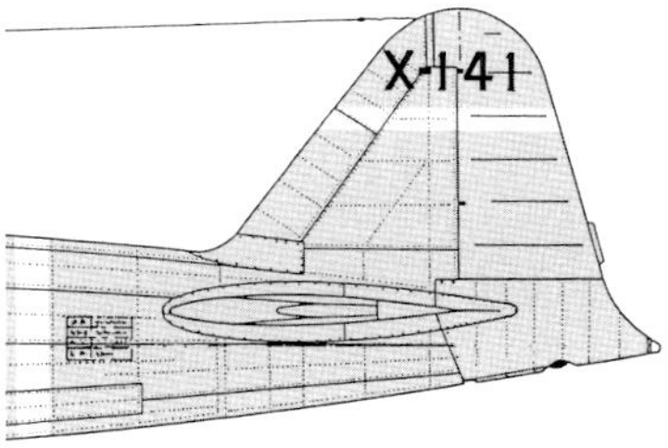

64

65

66

Photo 64: Zeros from Kaohsiung warms their engines prior to take-off.

Photos 65: More scenes from Kaohsiung as the planes take-off. The waving of hats as they head out by the ground-based crew was an IJN tradition, known as "bo-fure."

Photo 66: A maintenance scene from Tainan, on Taiwan.

Photo 67: A Zero seen during refueling on Celebes, at Kendari air base in March of 1942.

Photo 68: Another scene from Kendari Air Base.

67

68

写真 64
　搭乗員が座席に座り、発動機の暖気運転も滞りなく進んで、発進目前になった高雄基地の第 3 航空隊所属の零戦。それぞれの機の前方には、車輪止めを外す地上員たちが発進の合図を待っている。第 3 航空隊の零戦隊は、開戦当日に 53 機、2 日後の 12 月 10 日には 34 機がフィリピンに進攻した。とくに 10 日はマニラ上空で大空中戦を展開して、敵機 44 機を撃墜、42 機を地上銃撃により炎上せしめるという大戦果を報じている。

写真 65
　高雄基地での第 3 航空隊の出撃状況を捉えた情景。地上員たちが、帽子をとって出撃機を見送るのは、海軍独特のならわしで、「帽振れ」と呼ばれた。写真は、フィリピン進攻も一段落し、次の前進基地、ミンダナオ島のダバオに向けて発進するところ。昭和 16（1941）年 12 月 23 日撮影。

写真 66
　第 3 航空隊とともに、緒戦期の南方進攻を支えた一方の精鋭零戦隊、台南航空隊の整備風景。周囲に空のドラム缶を積み上げた掩体と機体に被せた対空偽装用のヤシの葉が、いかにも最前線基地という感じを伝える。手前は、取り外して立て掛けたカウリング。雑音ばかりひどくて役に立たない無線機を取り外しているため、アンテナ支柱も取り外されている。

写真 67
　昭和 17（1942）年 3 月、セレベス島のケンダリー基地にて、燃料補給をうける第 3 航空隊の零戦。開戦から 3 か月、休みなく続いた戦闘行動により、カウリング、胴体前部、主翼前縁などに塗装の剥離、油汚れが著しい。写真左が燃料車で、タンク後面に記入された「92」は、航空九二揮発油、すなわち 92 オクタンのガソリンを示している。その下方にも、それを示す識別用（色は黄？）と思われる横帯が記されている。

写真 68
　写真 67 と同じくケンダリー基地の情景。右手前の「X-121」号は、主翼下面に射撃訓練の際に使う吹き流し標的を収めた筒を懸吊しており、標的機として使われていることを示している。機首、風防にかけては、雨除けカバーを被せている。左遠方にバラック建ての指揮所、対空見張用櫓、兵員宿舎用テントなどが見え、いかにも最前線基地らしい雰囲気を漂わせている。

69

70

71

Photos 69-70: Model 21 Zeros undergoing engine maintenance. Fuel drums frequently were employed as steps as seen in photo 69.

Photo 71: A Type 99 Carrier Bomber (Val) undergoing maintenance at Surabaya air base on Java.

Photo 72: IJN air corps members face inland and salute during a celebration of the Showa Emperor's (Hirohito's) birthday at an airbase outside of Manila on April 26, 1942.

Photo 73: Another Type 99 at Surabaya, "33-203" prepares to head out on a combined patrol and training flight in the summer of 1942.

Photo 74: Officers at Surabaya enjoy a relaxed moment.

72

74

73

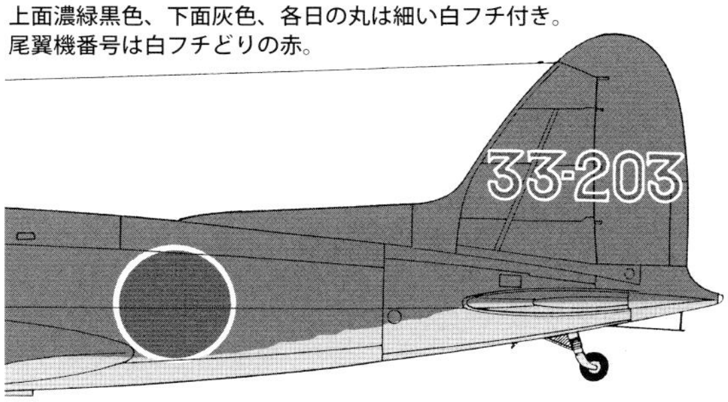

九九式艦爆　第33航空隊　昭和17年夏　ジャワ島／スラバヤ
Type 99 Carrier Bomber, 33rd Kokutai, Summer 1942, Surabaya, Java
上面濃緑黒色、下面灰色、各日の丸は細い白フチ付き。
尾翼機番号は白フチどりの赤。

写真69・70
撮影場所、日時ともに不詳だが、開戦から間もない時期の南西太平洋方面と推定される。零式一号艦戦二型の発動機整備風景。写真69のごとく燃料のドラム缶を足場代わりに使う光景は、前線基地ではお馴染み。零戦の『栄』発動機は、他に比べればきわめて高い稼働率を誇ったが、それでも、いつも問題なく可動するという保障はなく、つねに地上員たちの手の行き届いた整備が不可欠だった。

写真71
炎熱下のジャワ島スラバヤ基地にて、整備と点検を受ける第33航空隊所属の九七式二号艦攻。カウリング、発動機の補器覆が外され、右主翼上では、手前のドラム缶から手動ポンプを使い、燃料、または潤滑油を補給している。ただし、直接タンクには注入せず、濾過器のような容器に注いで不純物を濾しているらしい。

写真72
予想以上の順調さで、第一段の進攻作戦を終了し、昭和17（1942）年4月29日の天長節（昭和天皇の誕生日）を祝し、占領したフィリピンのルソン島マニラ郊外、ニコルス飛行場に整列し、内地の方角に向かって敬礼する海軍航空部隊兵士。部隊名は不詳だが、右に写っている九九式艦爆からみて、第31航空隊、第33航空隊などの錬成部隊と思われる。

写真73
昭和17（1942）年夏ごろのジャワ島スラバヤ基地にて、哨戒を兼ねた訓練飛行に出発する直前の第33航空隊所属の九九式艦爆「33 - 203」号。第33航空隊は基地周辺の哨戒という副次的な任務を課せられたものの、当時のジャワ方面は平穏であり、艦爆、艦攻搭乗員の錬成が本務だったので、見守る地上員の姿にも緊迫感は感じられない。

写真74
スラバヤ基地の指揮所の軒下に椅子を並べてくつろぐ、第33航空隊の幹部たち。手前の装飾を施された椅子に座っているのが司令官と思われる。炎暑といってよい同基地の気候に対処し、各人とも半袖シャツ、半ズボンの防暑服を着用している。テーブルの上に立ててあるのは、見張り用の双眼鏡で、ここが最前線基地であることを感じさせる。

75

76

77

78

79

Photo 75: A Type 96 Land Bomber (Mitsubishi G3M "Nell") undergoes maintenance.

Photo 76: A Type 96 Land Bomber undergoing maintenance and refueling at a southern base.

Photo 77: A Type 96 takes off as a ground crew members wave from the top of another Type 96.

Photos 78-79: A maintenance scene at a relatively well-equipped base (Singapore?).

写真75
一式陸攻とともに、緒戦期の海軍基地航空隊攻撃戦力の中核として活躍した九六式陸攻の発動機整備風景。ナセルをまたぐようにして、『金星』発動機を点検している地上員は、必ずしも作業に適した姿勢ではないが、専用の機材が不充分な前線基地では、贅沢は言ってられなかった。操縦室の開かれた天蓋、下方にスライドして開く側面窓、大きな輪状の方向探知器用アンテナなど、通常の写真では得られにくい部分を知る上でも、貴重な写真である。

写真76
南方前線基地における九六式陸攻の燃料補給、および整備、点検風景。左手前が燃料補給車で、タンク上面から伸びたホースが、右主翼上面の注入口に挿入されようとしている。九六式陸攻の燃料タンクは、左、右とも内、外翼に計6個もあり、合計3,700リットルもの容量がある。零戦二一型のそれが計838リットルだから、双発とはいえ、九六式陸攻が、いかに多量の燃料を積み、大きな航続距離を誇っていたかがわかる。ナセル付近では整備員が発動機関係の点検をしているようだ。

写真77
全力出撃ではないのだろう。燃料補給中の僚機の機上に立つ地上員に見送られて、離陸していく九六式陸攻。日中戦争から太平洋戦争中期まで、日常的に見られた光景である。操縦室風防の天井に地上員が1人立っているが、ここは「ノーステップ」部分なので異例の姿といえる。

写真78・79
この２枚の写真も、整備員たちの服装から南方基地での撮影と思われるが、木製の足場、脚立を使っていることや、格納庫の造りも立派なところなどから、施設の整った中枢基地（シンガポールか？）のようだ。いずれも発動機を整備、点検中の九六式陸攻だが、写真79の機体はプロペラが外されており、損傷修理も兼ねた大掛かりなものらしい。ドラム缶２本を並べた足場、手前に置かれたカウリングパネル、カウルフラップ、それに右、左に開いた『金星』発動機用整備工具箱など、情景としては申し分のない一葉だろう。

80

九六式陸攻二三型　元山海軍航空隊　昭和16年12月
仏印（インドシナ）

Type 96 Model 23 Land Bomber, Motoyama Kokutai, December 1941, Indochina

上面は緑黒色と土色の雲形塗り分け迷彩、
下面は無塗装ジュラルミン地肌。
主翼上面、胴体の日の丸は白フチ付き、
胴体、尾翼の帯、機番号はいずれも白。

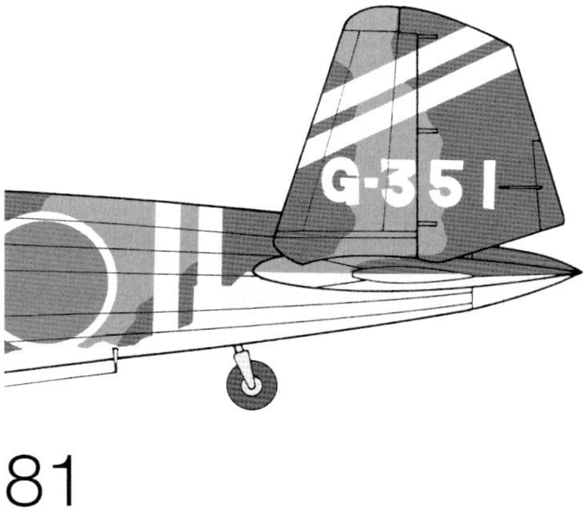

81

82

Photo 80: Checking the mounting of a 60kg bomb under the fuselage of a Type 96 Land Bomber. The two men checking the windmill-stay are not ground crew, but the aircraft's air crew undergoing their final pre-flight checks.

Photo 81: The crew of a Type 96 Land Bomber enjoying box lunches by their aircraft.

Photo 82: Testing the engines of a Type 96. Engine tests such as these were generally carried out by maintenance personnel, so the crew is probably not on board.

Photo 83: Another send-off of a Type 96 Land Bomber, this time from Taroa air base in the Marshall Islands. October 1942.

83

写真 80
早朝出撃のため、まだ夜も明けぬ暗いうちに、胴体下面の懸吊架に六番（60 kg）爆弾を懸吊した九六式陸攻。風車押さえを点検している２人は地上員ではなく、この機体の搭乗員で、出発前に最後の確認をしているところである。本機は、六番（60 kg）なら２列にして最大 12 発を懸吊できた。荷重がかかって地面に少し沈み込んだ車輪と、その右車輪のタイヤに滴り落ちた潤滑油、簡素な車輪止めなど臨場感のある一葉といえる。

写真 81
「腹が減っては、戦ができぬ」の格言を、そのまま表現したような写真で、愛機である九六式陸攻二三型の近くで、航空弁当に舌づつみを打つ、元山航空隊の搭乗員。最前線基地では、ごく日常的な光景だった。彼らの弁当の献立は地上員と異なり、かなり恵まれ、栄養価もちゃんと考慮してあった。左手前の一升瓶２本は酒ではなく、調味料か何かかが入っているようだ。

写真 82
飛行場周囲の樹木の陰に引き込まれていた九六式陸攻が、出撃前の発動機試運転をはじめたところ。発動機の試運転は地上員が行ったので、この時点では、まだ搭乗員は機内に乗り込んではいない。機首下面の右寄りに開いたハッチは、機内への乗降口でハシゴが立て掛けてある。

写真 83
昭和 17（1942）年 10 月頃、マーシャル諸島のタロア島基地から、地上員の「帽振れ」に見送られて離陸する第１航空隊所属の九六式陸攻。南海の孤島の基地としては施設が整っているらしく、九六式陸攻の右翼下に見えるのは見張り櫓のようだ。

84

85

86

Photo 84: An 800kg bomb being pushed and pulled by ground crew on its way to being mounted.

Photo 85: A Type 91 aerial torpedo being mounted into a Type 1 Land Bomber (Mitsubishi G4M "Betty").

Photo 86: Engine work on a Betty. The sheet covering the plane's nose is to protect the cockpit area from the harsh tropical sun.

Photo 87: A line of Type 1 Model 11 Land Bombers seen at Davao air base on Mindanao Island in the Philippines shortly after the Japanese took control, January 1942.

Photo 88: A Type 0 Reconnaissance Seaplane Model 11 (Aichi E13A "Jake") seen returning to base after a mission.

87

88

一式陸攻一一型　鹿屋海軍航空隊　昭和 17 年 1 月
比島ミンダナオ島／ダバオ

Type 1 Model 11 Land Bomber, Kanoya Kokutai, January 1942, Davao, Mindanao, Philippines

上面は緑黒色と土色の雲形塗り分け迷彩、下面は無塗装ジュラルミン地肌。各日の丸は白フチなし、胴体、尾翼の帯、機番号ともに白。

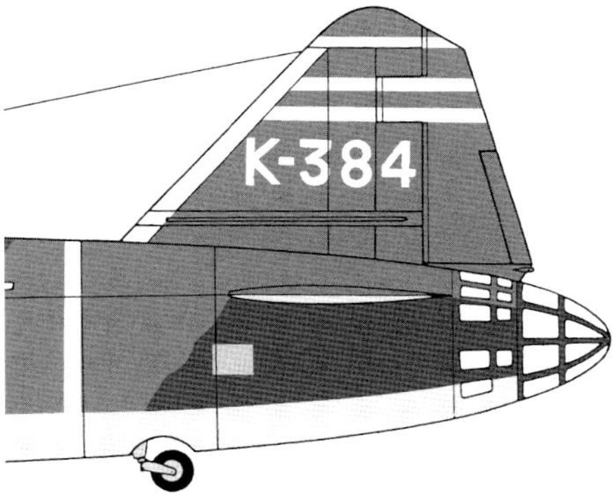

写真84
　爆弾運搬車に載せられ、地上員に押されて搭載機まで運ばれようとしている八〇番（800kg）陸用爆弾。この運搬車は、大型爆弾、魚雷専用で、写真18として掲載した航空母艦『赤城』の飛行甲板上に置かれたものと同型である。右手前の地上員がつかむ「T」字形槓桿で、前車輪を操作し、方向転換する。爆弾の左、右にある、４つのハンドルは、機体に懸吊するときに機体側の爆弾架との位置を調整するためのもの。

写真85
　地上員の陰になって分かりにくいが、写真84と同じ運搬車に載せた九一式航空魚雷を、一式陸攻一一型の爆弾倉に懸吊するところ。800kgもある大型爆弾、魚雷ともなると懸吊作業には相当数の人数を必要とする。

写真86
　南方の強烈な陽射しから守るため、機首上面に覆いを被せた、一式陸攻一一型の発動機整備風景。最前線基地らしく、ナセル両側に、足場代わりのドラム缶が立っている。この機体は、ナセル上面の排気管出口に消焔ダンパーが追加され、損害を少しでも減らすために、黎明、薄暮の時間帯による行動が多くなっていることを示している。

写真87
　昭和17（1942）年１月、占領して間もないフィリピンのミンダナオ島ダバオ基地に進出した鹿屋航空隊の一式陸攻一一型の列線。搭乗員たちが中隊ごとに整列し、訓示を受けている。写真左はテント張りの応急指揮所らしく、その向こうに黒塗りの乗用車が駐車しているところからみて、航空戦隊司令官などが来隊しての訓示と思われる。

写真88
　灼熱の太陽が容赦なく照りつける、南太平洋マーシャル諸島のヤルート島水上機基地にて、哨戒任務から帰還した第19航空隊所属の零式観測機（中央）が、牽引車で後ろ向きにスベリからエプロンに引き揚げられようとしているところ。遠方の水面には、交代で哨戒に飛び立つ２機の零式観測機が写っている。そばで見守る地上員の姿からも暑さが伝わってくる。

89

90

91

92

Photo 89: A Type 0 Reconnaissance Seaplane Model 11 (Aichi E13A "Jake") seen returning to base after a mission.

Photo 90: A pilot climbs down from his Type 0 Observation Seaplane after beaching it in the sand.

Photo 91: Another "Pete" moves into position after a mission following the hand signals of a ground crew member.

Photo 92: A Type 0 Observation Seaplane (Mitsubishi F1M "Pete") with 30kg bombs mounted under the wings.

写真89

哨戒任務を終え、南方の水上機基地に戻った零式水偵一一型。地上員によって砂浜にフロートを乗り上げて駐機され、ただちに次の出動に備えた整備、点検を受ける。右フロートの付近では、「褌一丁」姿の地上員がホースを担いで燃料補給を始めている。機上の黒っぽく写っている服装の３人は、この機の搭乗員で、機体から降りるところ。後方には、別の零式水偵と零式観測機も見える。

写真90

波打ち際に駐機した零式観測機から搭乗員が降りるところ。本機の偵察員席（後席）は、下翼よりも少し後方に離れた位置にあり、乗降には、写真のように地上員の手助けを必要とした。彼が両手に掛けている胴体側面の手、足掛けは、蓋がバネ止めになっていて、押すと内側に開く。この後、搭乗員は海水に濡れないように地上員に背負われて陸地に上がる。右端の地上員の、破れたシャツが前線基地の厳しい日常生活を物語っている。

写真91

哨戒任務を終え、基地の近くの海上に着水し、手前の半裸の地上員が掲げる手旗信号に従い、微速で向かってくる零式観測機。あらかじめ、構図を考えて撮影されたプロの報道カメラマンによる一葉。

写真92

下翼下面に三番（30kg）爆弾を懸吊し、哨戒飛行に出発する前の零式観測機。フロートの先端に座った地上員、右手前で機体に繋いだロープを手に持つ地上員が、何となく作業の一段落した雰囲気を醸し出している。

予期した以上の順調さで、第一段進攻作戦を終えた日本陸海軍だったが、昭和17年８月７日、突如としてアメリカ軍がソロモン諸島南端のガダルカナル島に上陸作戦を敢行してきたことにより、それまで、まったく注目されなかったソロモン方面が今後の戦局を左右するほどの重要戦区となってしまった。とりわけ、この方面を担当区とした海軍は航空部隊の総力を注ぎ込んでアメリカ軍の反攻の阻止を図った。

しかし、戦いは底なしの大消耗戦となり、日本軍は次第にアメリカ軍に圧倒され、昭和19（1944）年２月、最後までラバウル基地に残っていた航空部隊が後方のトラック島に引き揚げ、ソロモン航空戦は日本側の敗退で幕を閉じたのである。勢いに乗じたアメリカ軍は、同年６月にはマリアナ諸島、同年10月にはフィリピンに上陸し、これを制圧して、太平洋戦争の勝利を確実なものとした。これ以降、硫黄島、および沖縄をめぐる大規模な攻防戦はあったけれども、大勢はすでに決していた。

Chapter 5: Rough Seas at the Pacific Front

第五章 太平洋戦線波高し

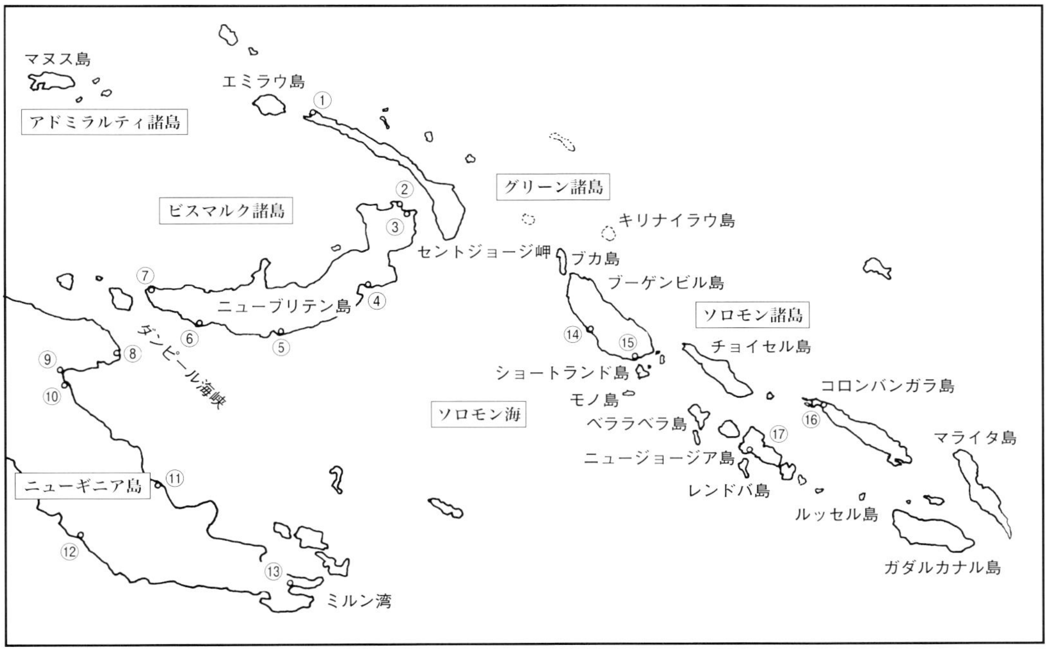

ソロモン諸島、東部ニューギニア戦域要図

①カビエン
②ラバウル
③ココポ
④ジャキノット
⑤スルミ
⑥マーカス
⑦ツルブ
⑧フィンシュハーフェン
⑨ラエ
⑩サラモア
⑪ブナ
⑫ポートモレスビー
⑬ラビ
⑭トロキナ
⑮ブイン
⑯レカタ
⑰ムンダ

ラバウル地区飛行場配置図

①東飛行場
②北飛行場
③ブナカナウ飛行場
④ココポ飛行場
⑤トベラ飛行場

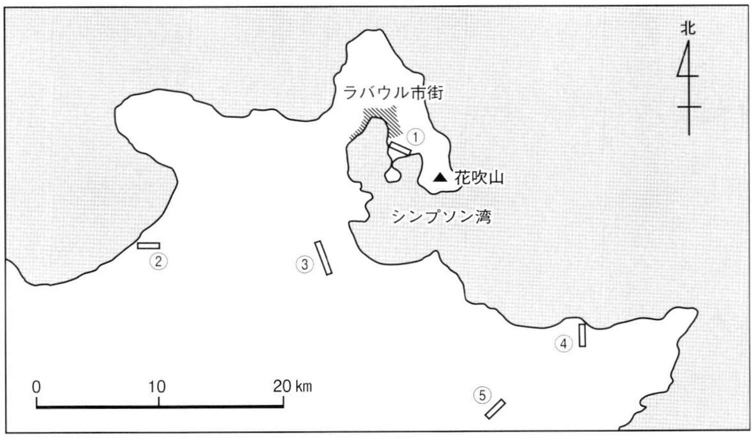

93

94

95

96

97

Photo 93: An overview of the Rabaul East airfield, one of Japan's most important bases in the Solomons.

Photo 94: An aerial view of the Rabaul base taken from a U.S. B-25.

Photo 95: Zero Model 21s undergoing maintenance at Rabaul East. Note the palm frond "camouflage."

Photo 96: A Zero Model 32 undergoing maintenance at the hands of six men near Rabaul East.

Photo 97: Maintenance on primarily Type 96 Carrier Fighters (Mitsubishi A5M "Claude") at Rabaul East shortly after Japan took control of the area in early February 1942.

写真93
　ソロモン戦域における日本海軍航空部隊の根拠基地となった、ラバウル東飛行場の全景。アメリカ軍のガダルカナル島上陸が決行された昭和17年８月７日ごろの撮影と思われ、草地の駐機地区に、第２航空隊所属の零戦三二型が点在している。手前の双発機は同隊の一式大型陸上輸送機「Q - 901」号。

写真94
　ラバウル地区にあった海軍のもうひとつの主要基地、ブナカナウ飛行場の空撮写真。昭和18（1943）年10月12日、空襲に飛来したアメリカ陸軍第５航空軍所属のB - 25爆撃機から撮影した一葉で、投下されたパラシュート爆弾と掩体壕に駐機中の第702航空隊所属の一式陸攻一一型が写っている。誘導路、ヤシの葉をふいた屋根のある小屋、テントなど基地設営の状態がよく分かる。

写真95
　写真93よりは少し、日時が遡るが、同じラバウル東飛行場における零戦二一型の整備風景。内地から補充されてきたばかりの新品機材である。左、右主翼上面には、下側縁を翼断面の曲線に合わせて整形した専用の足場が置いてあり、のちの激戦期に比べれば、まだ余裕があったことが伝わってくる。対空偽装用にヤシの葉が被せてあるが、この程度ではあまり効果はないと思われる。左後方に、有名な活火山の花吹山が噴煙を上げている。

写真96
　ラバウル東飛行場の掩体地区で、発動機整備をうける第２航空隊所属と推定される零戦三二型。例によって、機首両わきにドラム缶２本を立てた前線基地ではお馴染みの光景。手前に置いてあるのは、外された カウリングの上半分。

写真97
　昭和17（1942）年２月はじめ、占領して間もないラバウル東飛行場に進出してきた千歳航空隊派遣隊所属の九六式四号艦戦に、さっそく地上員が取り付いて発動機を中心に整備、点検を行っている風景。半袖シャツ、半ズボンに防暑用のツバ広帽子という彼らの服装が、赤道近くに位置するラバウルの炎暑を実感させる。この時期は、零戦の生産量がまだ少なく、千歳航空隊は九六式艦戦装備のまま開戦を迎え、17（1942）年４月１日になっても、マーシャル諸島に展開していた本隊は、零戦９機に対して九六式艦戦19機という構成だった。

98

99

100

101

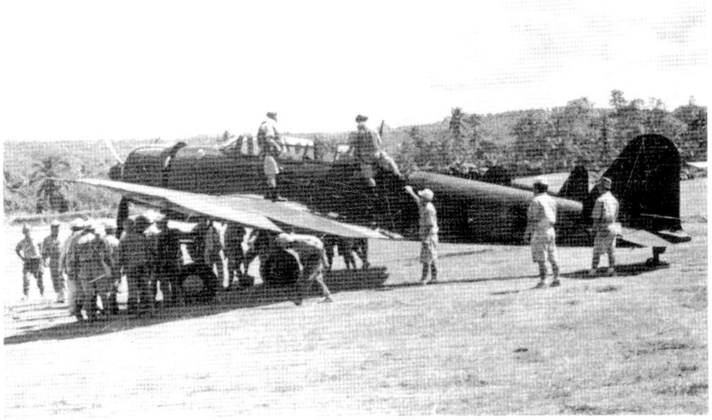

102

103

Photo 98: The men of a Type 99 Carrier Bomber Model 22 squadron pose at Rabaul East.

Photo 99: Engine testing on a Type 99 Carrier Bomber Model 22 in May or June of 1943 at Rabaul East.

Photo 100: A group of "Vals" seen just before a mission.

Photo 101: A gound crewman guides a Type 2 Reconnaissance Plane (Nakajima J1N Gekko, a.k.a. "Irving") of the 251st Kokutai after its return from a mission.

Photo 102: Personnel seen gathered around a Type 97 Carrier Attack Plane at Rabaul East.

Photo 103: A "Betty" Model 11 seen at Kavieng air base on New Ireland with some of the locals.

写真98

出撃から戻ったあとか、あるいはトラック島あたりから進出してきた直後と思われる、ラバウル東飛行場に整列した母艦航空隊所属（第2航空戦隊？）の九九式艦爆二二型の搭乗員。後方に整然と並んでいるのは彼らの乗機である。昭和18（1943）年５～６月ごろの撮影。当時、九九式艦爆は旧式化が否めず、出撃の度に少なからず損害を出し、隊員自ら「九九式棺桶」などと自嘲気味に呼んでいたという。

写真99

同じく昭和18（1943）年５～６月ごろ、ラバウル東飛行場で発動機の試運転を行う九九式艦爆二二型。カウリングの上面パネルと、カウルフラップ後方の発動機補器パネルが外されており、その下方に白っぽく光る潤滑油タンクが見える。発動機回転数は、かなり高いようで、主翼付根に立つ上半身裸の地上員もプロペラ後流に吹き飛ばされないように顔を下に向けてしがみついている。

写真100

写真99に前後して撮影された出撃直前の九九式艦爆二二型。尾翼の部隊符号／機番号が赤で記入されているらしく、読み取りにくいことと、尾部下面に着艦フックが付いていることなどからみて、母艦航空隊所属機のようだ。各機とも、左右に数名ずつの地上員が付いており、主脚の近くにいる者が車輪止めを外す。

写真101

出撃から戻った第251航空隊所属の二式陸上偵察機を出迎え、手信号で誘導する地上員。昭和18（1943）年春ごろの撮影で、花吹山の火山灰に悩まされたラバウル東飛行場では、その対策のひとつとして一時的に鉄板敷きの滑走路を試したが、空襲を受けたときの破片による損害と、修復に手間がかかるなどの理由で廃止した。

写真102

ラバウル東飛行場の、九七式艦攻一二型の周囲に多数の人が集まっている。写真98と同じ時期の撮影で、本機もまた九九式艦爆と同様、旧式化のため損害が目立ち、後継機『天山』の早期配備が渇望されていた。写真の各機とも、空母部隊所属機である。

写真103

ラバウルほどではないが、ソロモン戦域における日本海軍航空部隊の主要基地のひとつだったニューアイルランド島カビエンにおける一式陸攻一一型。周囲に見えるヤシの木と、労役に駆り出されたらしい現地人との取り合わせが、いかにも南方の前線基地という雰囲気を醸し出している。整備完了して、出撃まで間があるらしく、左右のナセルには雨除けのシートが被せてある。

104

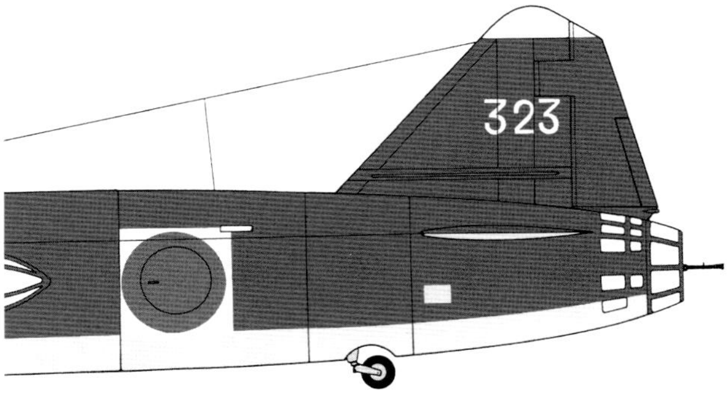

一式陸攻一一型　第 705 海軍航空隊第 1 中隊
山本五十六大将戦死時の搭乗機　昭和 18 年 4 月 18 日　ラバウル
Type 1 Model 11 Land Bomber, 705th Kokutai/1st Chutai, Plane in which Adm. Isoroku Yamamoto was shot down, April 18, 1943, Rabaul
上面濃緑黒色、下面無塗装ジュラルミン地肌。尾翼上端、機番号は白。

105

Photos 104-105: Admiral Isoroku Yamamoto personally oversees the launch of Zero Fighters at the start of the "I-Go" campaign in the Solomons.

Photo 106: A Nakajima-built Zero 21 undergoing maintenance at Rabaul East. Note how the fuel drum has been used as a makeshift ladder to allow maintenance staff to climb up on the aircraft.

Photo 107: Maintenance personnel at Rabaul East work on the left main gear of a Zero Model 21.

Photo 108: Pilots relax under the wing of Zero Model 21 "V-153," seen covered with a rain tarp, before their mission.

106

107

108

Photo 109: Lt. Toraichi Takatsuka of the Tainan Kokutai walks slowly towards his Zero Model 21 just before a mission. Ground personnel have already started the engine for him. The "V-sen" marking on the back of his life vest indicates affiliation with the Tainan unit (as does the 'V' in the plane's number).

Photo 110: Zero pilots board their planes. Note the lack of antenna masts. The (almost useless) radios were frequently removed to save weight.

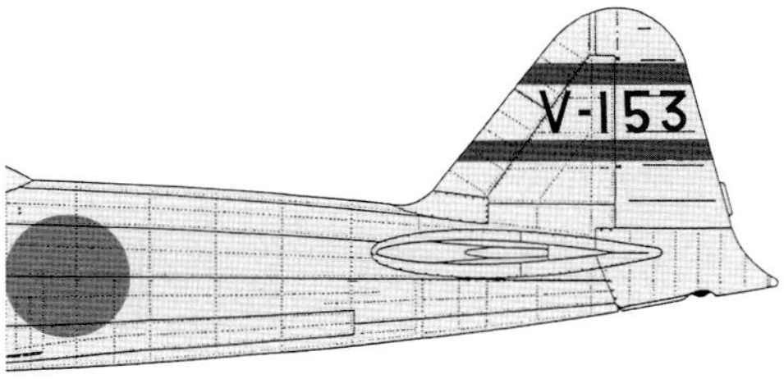

零戦二一型　台南海軍航空隊　昭和 17 年春　ラバウル
Type 0 Model 21 Carrier Fighter, Tainan Kokutai, Spring 1942, Rabaul
全面“飴色”（灰緑褐色）、各日の丸は白フチなし。
尾翼機番号は黒、その上、下の帯は青。

109

110

写真104・105
昭和18（1943）年４月上旬、ソロモン戦域における日本海軍航空部隊の総力をあげた撃滅戦である「い号」作戦を自ら指揮するため、ラバウル東飛行場に赴いて、零戦隊の出撃を見送る連合艦隊司令長官山本五十六大将（写真104は右から２人目、写真105は中央）、山本長官はこのときの陣頭指揮から４月18日の戦死当日まで、ずっと白の二種軍装で通した。

写真106
ラバウル東飛行場にて発動機の整備をうける中島製零戦二一型だが、撮影日時は17（1942）年夏から秋にかけてと推定される。ドラム缶２本を機首両わきに立て、写真右手前には取り外されたカウリングが置いてある。地上員の１人は、ドライバーでスピナーの止めボルトを外しにかかっている。そのスピナーに乗っている１人からみて、これからプロペラ・ハブの調整に入るところかもしれない。右主翼付け根に３本の酸素ボンベが置いてあり、20mm機銃発射口周囲の四角いパネルが外されていることに注目。

写真107
ラバウル東飛行場における台南航空隊所属の二一型で、左主脚の点検、整備中の模様。よく知られるように、零戦に限らず、油圧関係の工作精度が高くなかった日本機のブレーキなどは、とくに効きが悪く、前線では重点的な整備を必要とした。手前の三角錐形の枠組みは車輪台架かもしれない。写真左端の落下増槽に、外された車輪カバーが立て掛けてある。

写真108
写真107と前後して撮影された一葉。雨除けの覆いを被せた零戦二一型「V - 153」号の翼下で、出撃までの間、しばし休息をとる台南航空隊の搭乗員たち。手前に置いてあるのは、カポック入りの救命胴衣。

写真109
出撃命令が下り、すでに地上員によって発動機を始動している愛機、零戦二一型に向かって歩く台南航空隊の高塚寅一飛曹長（飛行兵曹長）。救命胴衣の背に記入された「V戦」は、台南航空隊を示す防諜表記（V は、尾翼の部隊符号と同じ意味）。

写真 110
写真 109 に連続する一葉で、それぞれの愛機に搭乗員が乗り込むところ。前方の機体は「V-153」号で、写真108 と同一の機体のようだ。右手前機の搭乗員の足元が、主翼上面に、はっきりと映っており、「現用飴色」と通称された零戦の初期の単一色塗装の光沢度が分かる。

111

112

Photo 111: Hats (and a fan, something done by high-ranking officers for very important missions) being waved at the departure of a Zero.

Photo 112: With a traditional decoration added to the propeller of a Zero, pilot's toast the new year with cold sake, bananas and papayas on New Year's Day, 1943.

113

114

Photo 113: With the top panel of the cockpit open, the crew of a Type 96 Land Bomber pose for the camera.

Photos 114-115: Type 96 Land Bombers take-off on a mission at a southern base.

九六式陸攻二三型　第 1 航空隊　昭和 17 年 10 月 南太平洋

Type 96 Model 23 Land Bomber, 1st Kokutai, October 1942, South Pacific

上面濃緑黒色、下面無塗装ジュラルミン地肌、主翼上面、胴体日の丸は白フチ付き、胴体帯、尾翼帯、機番号はいずれも白。垂直尾翼の前縁部のみ無塗装。

115

写真111

精魂込めて整備した零戦二一型の出撃を、帽子をうち振って見送る地上員たち。昭和17(1942)年夏〜19(1944)年2月にかけて、ラバウル東飛行場で日常的に見られた風景である。左端の1人だけ扇を掲げているが、これは航空隊司令官などの高官が、特別に重要な出撃のときに行う所作らしい。

写真112

常夏のラバウル基地にも正月はやってくる。零戦二一型のプロペラに「しめ飾り」を付け、その前にバナナとパパイヤの実を供えて、冷酒で昭和18（1943）年の元旦を祝う戦闘機搭乗員。海軍報道班の撮影による傑作スナップのひとつで、当時の風習をよく伝えている。搭乗員の服装もよく分かる。

写真113

天蓋を開け放った九六式陸攻の操縦室で、カメラに向かってポーズを取る搭乗員。操縦桿を握っているのは正操縦士、天井に腰掛けているのは、機長もしくは副操縦士。この天蓋開閉窓は､非常時の脱出窓を兼ねた｡下塗りのサーフェイサーを塗布せず、ジュラルミン地肌に直接吹きつけた濃緑黒色の迷彩は、風防枠のように、常に人の手が触れる部分はすぐに剥離してしまうことが分かる。

写真114・115

基地名は定かではないが、南方最前線における九六式陸攻の出撃風景。いずれも地上員が精一杯の気持ちを込めた「帽振れ」で見送っている。写真114は、ニューギニア島のポートモレスビー爆撃時の撮影とされており、ラバウルのブナカナウ飛行場かもしれない。滑走中の機体の胴体下面には、二五番（250kg）爆弾２発が懸吊されている。写真115の機は、第１航空隊所属の「Z - 325」号で、胴体下面になにも懸吊していないので、他の基地へ移動するところかもしれない。

116

Photo 116: Maintenance to replace the main wheel on a Type 96 Land Bomber Model 22 or 23.

Photo 117: The ground and air crew of a Type 1 Land Bomber pose with their aircraft.

Photo 118: "V-901," a Type 1 Large Land Transport (Mitsubishi G6M, a modified G4M "Betty") after its arrival at East Rabaul.

Photo 119: Crew seen preparing to load a Type 91 air torpedo into a Type 1 Land Bomber Model 11.

Photo 120: A Type 1 Land Bomber Model 11 taxies for the runway. Note the vast dust clouds behind the plane, testifying to the nature of the surface.

117

一式大型陸・輸　台南海軍航空隊　昭和 17 年春 ラバウル

Type 1 Large Land Transport, Tainan Kokutai, Spring 1942, Rabaul

上面濃緑黒色、下面無塗装ジュラルミン地肌。
胴体日の丸は白フチ付き、胴体帯、尾翼機番号は白。

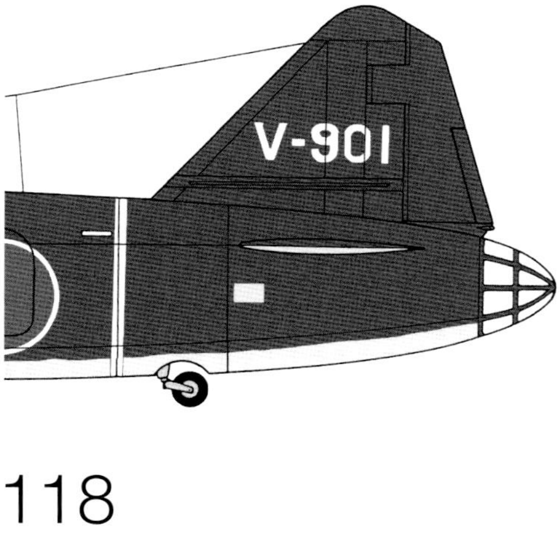

118

119

120

写真116
九六式陸攻二二、または二三型の主車輪交換作業風景。右手前の車輪が外された古いほうで、地上員との対比により直径1200㎜、幅400㎜という車輪サイズの大きさが知れよう。手前左は、右主脚用の交換車輪らしく、地上員がホイール内部のブレーキ系統と思われる部分を調整中である。写真右手前の一斗缶（廃油留として利用？）に記入された「三五七」はこの機体の機番号かもしれない。胴体下面の爆弾懸吊架がよくわかる。

写真117
発動機を始動した一式陸攻一一型の前で、記念写真に収まった搭乗員。左手前で防暑ヘルメットを被っている人は、著名な海軍報道班員として知られた、元日本映画社の吉田一氏で、彼が腰掛けている機材箱の前面に「日映」のロゴマークが記入されている。吉田氏は危険を承知で、出撃する一式陸攻にしばしば同乗し、護衛役の零戦の姿を傑作写真として数多く残した。背後の一式陸攻は第４航空隊所属機らしく、胴体後部の特徴的な濃緑黒色の波形塗り分けラインが、はっきりと分かる。

写真118
零戦とともにラバウル東飛行場に進出してきた台南航空隊の一式大型陸上輸送機「V - 901」号。第３航空隊と同様に装備定数が50機を越える陸上零戦隊の台南航空隊は、専用の輸送機を２～３機保有し、兵、資材の輸送、要務連絡などに使った。写真の「V - 901」号は燃料補給中で、手前の機体の主翼下で乗員、地上員が陽射しを避けて休息中である。

写真119
南方戦域における一式陸攻一一型への九一式航空魚雷の懸吊作業の風景。トラックで機体の前に運ばれてきた魚雷の尾部に注目してほしい。通常の４枚の安定ヒレの周囲に木製の追加ヒレ、いわゆる「框板」と呼ばれたものが取り付けてある。これは投下後の空中姿勢をより安定させるために考案したもので、正面からみて十字形にしたものと箱形にしたものの２種が知られているが、写真のタイプはどちらにも該当しない。

写真120
ラバウルのブナカナウ飛行場の掩体地区から、地上員の誘導により滑走路へとタキシングする三沢航空隊所属の一式陸攻一一型。未舗装の誘導路は、火山灰も混じって、ひどい土煙が巻き上がっている。タキシング中の操縦席からは前方視界が充分に利かないため、副操縦士が天蓋を開いて立ち上がり、進路の確認をしている。

121

122

123

Photo 121: The view looking forward from the cockpit of a Type 96. The front right crewman is the pilot, with the copilot on the left. Normally the seat in the right foreground would be occupied by the aircraft's commander, who doubles as the observer, but this crewman appears to be an observer only.

Photo 122: The navigator's seat in a Type 96 Land Bomber, located on the left side of the plane directly under the dorsal armament. A small table is provided to open the navigation map and make measurements.

Photo 123: On the other side of the plane from the navigator is the radio operator's station. The crewman (in summer gear) is operating a Type 96-Ku Mark III radio unit.

Photo 124: A shot inside the cockpit of a Type 1 Land Bomber (G4M "Betty"). The crew positions are unchanged from the Type 96, with the pilot at the front right, the co-pilot to the left, and the aircraft commander seated behind the pilot (left arm only visible).

Photo 125: Another Betty cockpit, this time taken from a little farther rear. The observer is at work with a nice pair of binoculars. Note the white, short-sleeved summer uniforms.

124

125

写真121
九六式陸攻の操縦室内を前方に向けて見た風景。前列右が正操縦士、同左が副操縦士、手前右は、本来は指揮官（機長と偵察士を兼務）席だが、写真の搭乗員は、ただの偵察員のようだ。手前左は爆撃手。双発機といっても、本機の胴体は非常に細く、左右の座席の間隔はほとんどないに等しい。乗員をまもるべき防弾装備が皆無なのがよく分かる。

写真122
九六式陸攻の胴体中央部、ちょうど上面防御銃座の左側にある航法士席。小テーブルに広げた航空地図に、定規とデバイダーを使って航路の確認をしているところ。洋上を長時間にわたって飛行する陸攻にとって、航法士の能力は非常に重要であった。

写真123
写真122の航法士席の反対側にある無線士席。夏期飛行服を着用した搭乗員が操作しているのは、九六式空三号無線機のユニット。振動から守るために、ユニットはゴム紐で固定されているのが分かる。写真上方がブリスター型銃座窓の前縁部。

写真124
作戦飛行中の一式陸攻一一型の操縦室内。乗員配置は、基本的に九六式陸攻と変わらず、左に副操縦士、右に正操縦士、写真右手前に左袖だけ見えているのが指揮官（機長）。天井窓には、南方の強い陽射しを避けるためのカーテンが付いており、いま右半分だけを展張している。一式陸攻の胴体は、九六式陸攻に比べ、かなり太いイメージがあるが、操縦室付近はそれほどの差はないことがわかる。

写真125
写真124と同様、作戦飛行中の一式陸攻一一型操縦室で、撮影位置は少し後方に寄っている。左手前では偵察員が立ち上がって、双眼鏡で見張りをしている。その右が指揮官。南方戦域のこととて、各乗員は白い半袖の夏期飛行服を着ている。指揮官の後方は無線士席で、枠に固定された無線機セットの一部が写っている。

126

127

128

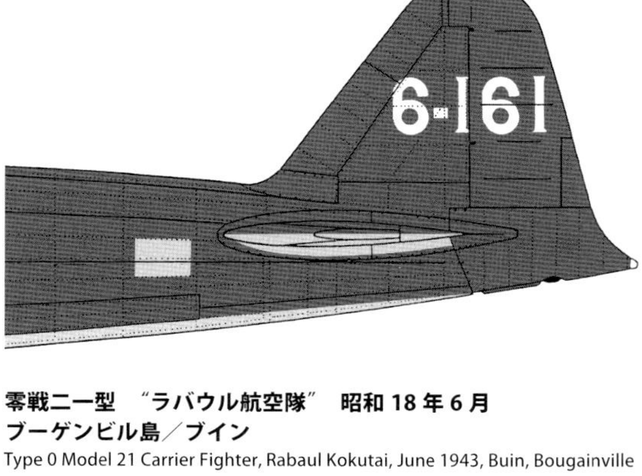

零戦二一型　“ラバウル航空隊”　昭和 18 年 6 月
ブーゲンビル島／ブイン
Type 0 Model 21 Carrier Fighter, Rabaul Kokutai, June 1943, Buin, Bougainville
上面濃緑黒色、下面灰色（または“飴色”）、各日の丸は白フチなし。
スピナーは濃緑黒色、尾翼機番号は白。

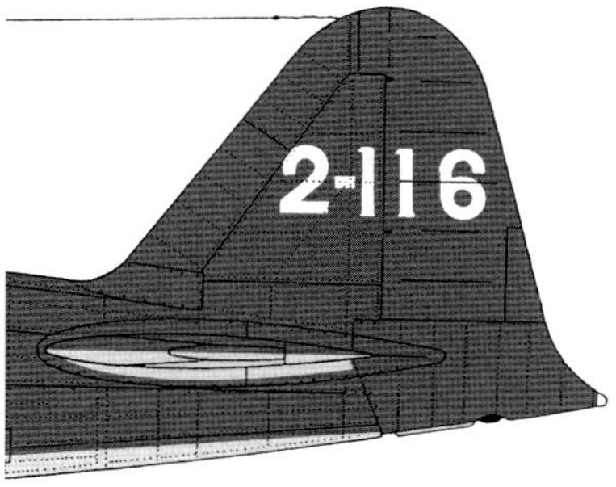

零戦二二型 “ラバウル航空隊” 昭和 18 年秋 ラバウル
Type 0 Model 22 Carrier Fighter, Rabaul Kokutai, Fall 1943, Rabaul

塗装、マーキングともに機番号“6 - 161”と同じ。

129

130

Photo 126: Maintenance crew work on a Type 2 Carrier Reconnaissance Plane (Yokosuka D4Y Suisei a.k.a. "Judy")

Photo 127: Ground crew pose with their charge, a Zero Model 22 "6-171."

Photo 128: Zero Model 32s parked between barriers made of stacked fuel drums at East Rabaul.

Photo 129: Surrounded by Zeros, ground crew find time to relax and share a laugh.

Photo 130: Personnel limbering up at morning calisthenics at the seaplane base in Rabaul Bay.

写真126
　炎天下のラバウル東飛行場で、黙々と二式艦偵の整備を行う地上員。左主翼上に置いてあるのは、雨（陽射し）除けのシートであろう。

写真127
　自分たちの担当である零戦二二型「6 - 171」号を背にし、カメラに向かってポーズを取る地上員。昭和18（1943）年秋ごろのラバウル東飛行場での撮影だが、部隊符号「6」を割り当てられたのがいずれの隊かは不明。写真の機は相当の歴戦機らしく、上面の迷彩塗装が広範にわたり剥離してしまっている。

写真128
　連日のようにアメリカ軍機が来襲するようになった昭和18（1943）年末～19年はじめ、ラバウル東飛行場のドラム缶を積み上げて造った掩体内に駐機する零戦二二型。これら各機は、尾翼の部隊符号が「7」で、中央の「101」号と思われる機体は、胴体後部に２本の黄斜帯を記入した指揮官（分隊長、または中隊長）機。左右の機体とも主脚カバー下部を取り外しているが、これは未舗装の滑走路が雨でぬかるみ、泥がまとわり付くのを防ぐため。

写真129
　日々の厳しい作業の合間、零戦のそばで束の間の談笑に花を咲かせる地上員たち。写真右上は二一型の機首下面で、車輪カバー越しに発動機の慣性始動用転把が、差し込まれているのが見える。遠方の２機は二二型だが、部隊符号に「2」を割り当てられたのが、いずれの航空隊なのかは不明。いずれにせよ『ラバウル航空隊』の１隊であることには違いない。昭和18（1943）年10月～11月ごろの撮影。

写真130
　ラバウル湾内の水上機基地で、朝の体操に精を出す隊員。波の静かな湾上には、零式観測機（左の２機）と零式水偵（右の２機）が浮かんでいて、戦争中とは思えない、のどかな雰囲気が感じられる。

131

132

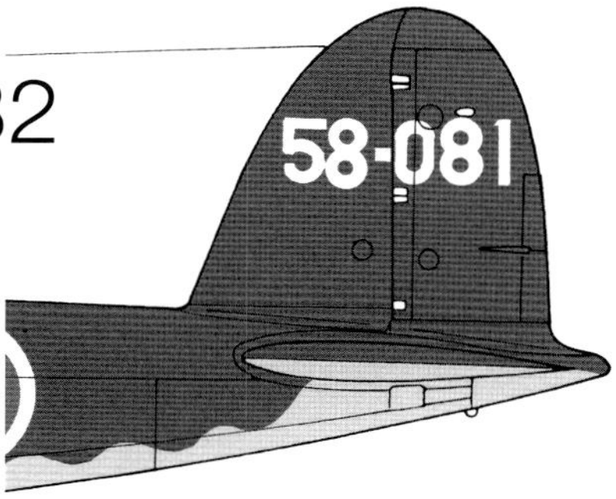

零式水偵一一型　第 958 海軍航空隊　昭和 18 年 6 月 ラバウル

Type 0 Model 11 Reconnaissance Seaplane, 958th Kokutai, June 1943, Rabaul

上面濃緑黒色、下面灰色、主翼上面、胴体日の丸は白フチ付き。本機は消焔排気管を付け、風防後部兵装を 20 ㎜機銃に換装している。尾翼機番号は白。

133

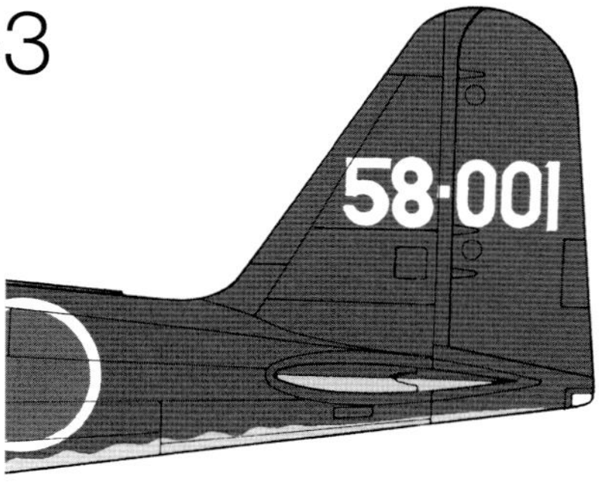

零式観測機一一型　第 958 海軍航空隊 昭和 18 年 6 月　ラバウル

Type 0 Model 11 Reconnaissance Seaplane, 958th Kokutai, June 1943, Rabaul

上面濃緑黒色、下面灰色、主翼上面、胴体の日の丸は白フチ付き、尾翼機番号は白。

134

135

Photos 131-132: Type 0 Reconnaissance Seaplane "58-081" seen undergoing maintenance work, also at Rabaul's seaplane base.

Photo 133: Type 0 Observation Seaplane ("Pete") "58-001" seen at Rabaul's seaplane base.

Photo 134: A Zero Model 22-ko undergoes engine testing in a jungle "hangar" at Buin air base. The quickly-adapted mottled camouflage scheme seems appropriate given its surroundings.

Photo 135: A Type 99 Carrier Bomber being rearmed at Buin.

Photo 136: Zeros of the Rabaul Kokutai seen lined up at Buin on Bougainville.

136

写真131・132
　ラバウル湾内水上機基地にて整備中の、第958航空隊所属の零式水偵一一型「58 - 081」号。エプロンなどの施設が望めない前線の水上機基地で主翼下面、尾部下面などを点検、整備するには、写真のような足場が必要となる。底が砂地なので安定も悪く、2人くらいで足場を支えている。褌一丁姿の地上員から、ラバウルの酷暑ぶりが伝わる。この「58 - 081」号は、排気管に消焔ダンパーを追加し、風防後部の射撃兵装を20㎜機銃に換装していることに注目。よくいわれる魚雷艇攻撃用かもしれない。

写真133
　昭和18（1943）年5〜6月ごろ、ラバウル湾内の水上機基地に浮かぶ、第958航空隊所属の零式観測機「58 - 001」号。地上員が胸まで海面に浸りながら機体の向きを変えようとしているようで、これから整備にかかるのかもしれない。機首と乗員席には、雨除けのシートが被せてある。

写真134
　ブイン飛行場周囲のジャングル内に設けた掩体の中で、発動機試運転を行う零戦二二甲型。応急的に施した斑状の迷彩が周囲の風景に馴染んでいる。

写真135
　これも、ブイン飛行場における九九式艦爆二二型の爆弾懸吊作業の模様。手前の爆弾運搬車に載せられているのは二五番（250kg）陸用爆弾のようだ。後方の機体は発動機の整備中である。

写真136
　ガダルカナル島への進攻のために、ラバウルから南東に500km、ブーゲンビル島ブインのジャングルを切り開いて造成した飛行場に並ぶ『ラバウル航空隊』の零戦。尾翼の部隊符号がまちまちで、激戦による消耗が著しいことを示している。自転車で忙しく行き交う地上員、左手前の丸太で組んだ橋梁など、最前線の雰囲気が伝わってくる。

137

Photo 137: Zero Pilots reporting mission results to their commanding officer at Buin.

Photo 138: A group of Zeros prepares for takeoff in a released photo in which censors deleted all aircraft unit markings.

Photo 139: Again the same day, this time a closer shot of several Zeros preparing for departure.

Photo 140: Type 0 Observation Seaplanes seen at Shortland, Japan's most important seaplane base in the Solomons.

138

139

140

写真137
　ブイン基地の指揮所前に整列し、今日の戦闘報告を行う零戦搭乗員。後列の２人を除き、半袖の夏期飛行服を着ているが、飛行帽は裏地に毛皮のついた冬用のものである。地上では30度以上の猛暑でも、出撃して高度5,000m、ときには7,000mくらいまで上昇すると、操縦室内はたちまち氷点下にまで下がる。搭乗員たちが、いかに身体的に過酷な環境に置かれていたかが想像できる。

写真138
　昭和18（1943）年４月７日、「い号」作戦発動により、ブイン基地から大挙して出撃せんとする零戦隊。滑走路を挟んで、左右に向かい合って列線をつくり、交互に滑走路に正対するように進み出、離陸していく。当時の海軍省公表の写真の一枚で、尾翼の部隊符号／機番号が防諜上の配慮により消去されており、所属部隊は不明。手前の２機は斑状、３機目は細かい格子状の応急迷彩を施している。手前のトラックは、遠く離れた宿舎に起居する搭乗員を、飛行場まで運ぶのにも使われた。

写真139
　これも昭和18（1943）年４月７日のブイン基地の光景。これらの零戦群は、第582航空隊所属であることが判明している。おそらく写真138右側の外に位置していたと思われる。左手前の機体の落下増槽の気流覆が歪んでおり、胴体下面との間にすき間が生じてしまっている。この程度のことは最前線では気にもとめない。

写真140
　ソロモン戦域における日本海軍水上機用基地として、もっとも重要な存在だったショートランド島基地の風景。水際まで生茂ったヤシの木を、必要な面積だけ伐採して建てた宿舎、テント小屋と、そのすぐ前に浮かぶ零式観測機群など、水上機基地の様子がよく分かる。左手前の機体のみ、整備中らしく、ドラム缶、脚立を足場として何人もの地上員がとりついている。右奥の機体の尾翼記号が「L2」なので、これらは特設水上機母艦『国川丸』搭載機であろう。

141

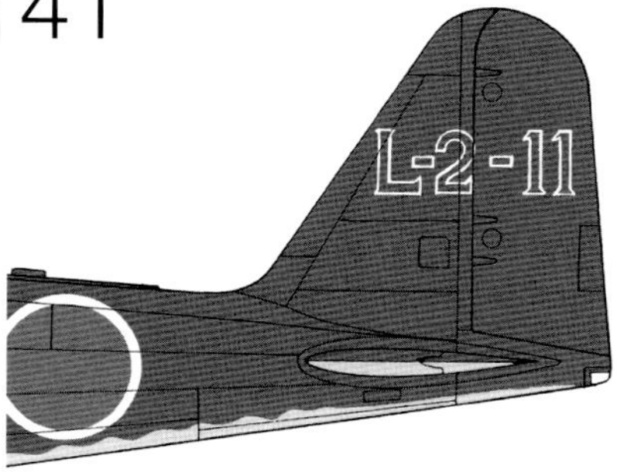

零式観測機一一型　水上機母艦『国川丸』搭載機
昭和 18 年初め　ショートランド島

Type 0 Model 11 Reconnaissance Seaplane, Seaplane Carrier "Kunikawa-maru," Early 1943, Shortland Island

上面濃緑黒色、下面灰色、主翼上面、胴体の日の丸は白フチ付き、尾翼機番号は白フチどりの赤。

142

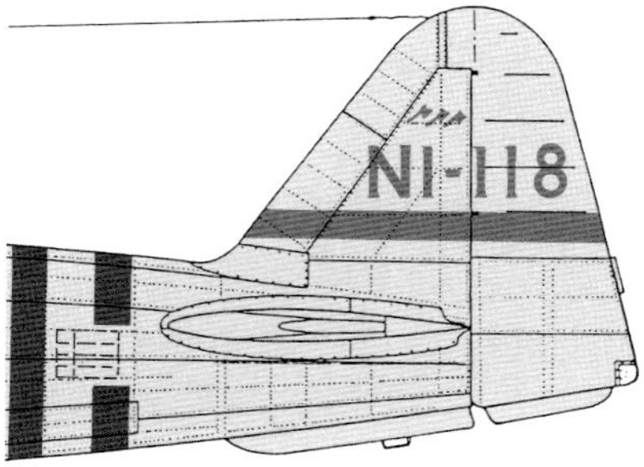

二式水戦　第 802 海軍航空隊
分隊長 山崎圭三中尉乗機　昭和 18 年 6 月
ヤルート島

Type 2 Seaplane Fighter, 802nd Kokutai, Flown by buntai leader Keizo Yamazaki, June 1943, Jalutt

全面“飴色”（灰緑褐色）、胴体帯は青。
尾翼機番号、帯、撃墜マークはいずれも赤。

143

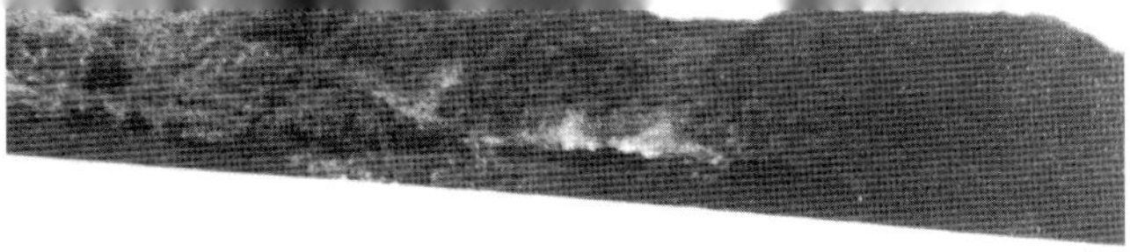

144

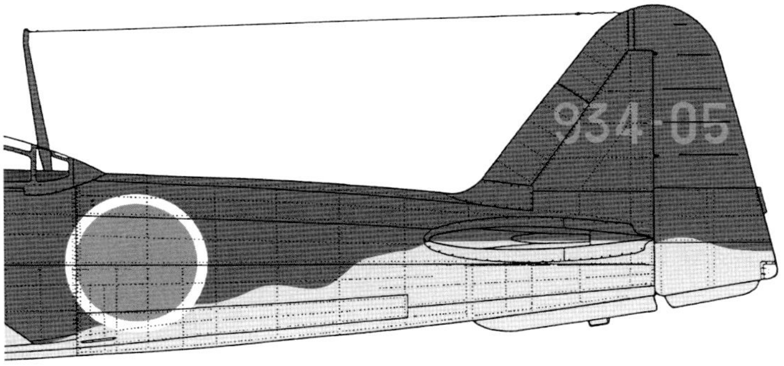

二式水戦　第 934 海軍航空隊　昭和 18 年　アンボン島
Type 2 Seaplane Fighter, 934th Kokutai, 1943, Ambon, Indonesia
上面濃緑黒色、下面灰色、胴体日の丸のみ白フチ付き、尾翼機番号は赤。

145

Photo 141: A Type 0 "Pete" from the special seaplane carrier "Kunikawa-maru" undergoes evening preparations for a nighttime operation at Shortland.

Photos 142-143: A Type 2 Fighter Seaplane (Nakajima A6M, Zero w/floats, aka "Rufe") seen heading out on a mission from the Jalutt seaplane base in the Marshall Islands.

Photo 144: A "Rufe" being refueled at the Ambon seaplane air base.0

Photo 145: Air crew running towards their Type 2s in a photo staged for the press.

写真141
　ショートランド島水上機基地の夕暮れの中で、夜間出撃に備えた整備を受ける特設水上機母艦『国川丸』搭載の零式観測機。充分な照明器具もなかった前線基地のこととて、こうした暗がりの中での整備は大変なことであっただろうと推察できる。フロートの左わきに木製の脚立を立て、発動機整備の足場にしており、そのすぐ隣では下翼に三番(30kg) 爆弾を懸吊中である。フロート先端から伸びるロープは舫い綱。

写真142・143
　昭和18（1943）年10月、マーシャル諸島ヤルート島のイミエジ水上機基地にて、哨戒任務に出動するまでの第802航空隊所属の二式水戦の模様。写真142は砂浜に地上員が一列に並んでホースを担ぎ、燃料を補給しているところで、ホースの先は右主翼内タンクに挿入されている。すでに左右主翼下面への小型爆弾（六番対潜用爆弾）の懸吊も完了している。写真右の全面「飴色」塗装機は、胴体後部に青帯２本を記入した分隊長山崎圭三中尉の乗機。イミエジは遠浅の海岸で、内地からの補給物資を運ぶ輸送船も大型のものは岸に近づけず、写真右上に見えるように洋上へ碇泊している。写真143は、すべての準備を終え、対潜哨戒に発進する直前の「NI - 119」号。手前の地上員が手にもっているのは、フロート後部と胴体右側面に固定して使う乗降用のハシゴで、零戦と異なり、二式水戦の操縦席への出入りは右側から行われた。

写真144
　ショートランドから西に２千数百kmも遠く離れた、アラフラ海のアンボン島水上機基地で、燃料を補給している第934航空隊所属の二式水戦。ショートランドより赤道にさらに近く、その酷暑ぶりがうかがえる。水平尾翼の下方に乗降用ハシゴの一部が見えている。その右、尾部下面の安定ヒレに設けた「U」字形の金具に、舫い綱がつながっている。燃料注入口には、バケツ状の容器を置き、燃料がこぼれないようにしている。

写真145
「水戦隊出動」の命令一下、水際に並んだ二式水戦を目指して、アンボン島の砂浜を駆け出した第934航空隊の搭乗員たち。もっとも、列線の機体は発動機を始動しておらず、地上員の様子からみても、報道写真のための「やらせ」らしい。とはいえ、その情況を知るには充分であろう。このあと、搭乗員は海水に濡れないように地上員に背負われながら機体にたどり着く。

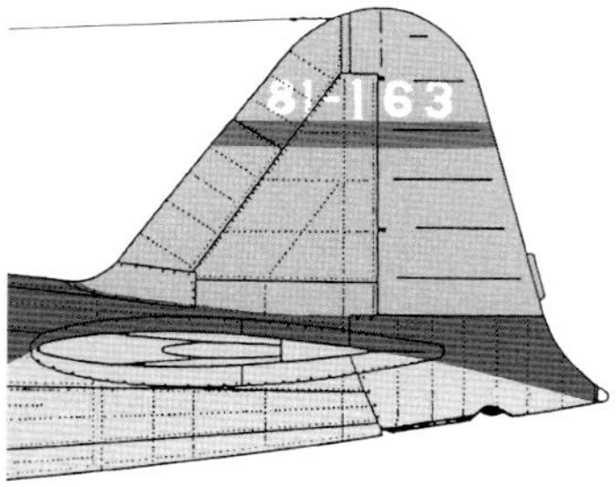

零式二一型　第 381 海軍航空隊
昭和 19 年 4 月
比島ミンダナオ島／デゴス
Type 0 Model 21 Carrier Fighter, 381st Kokutai, April 1944, Degosu, Mindanao, Philippines
上面濃緑黒色、下面灰色、主翼上面、胴体日の丸は白フチ付き、垂直尾翼は黄、機番号は白、その下方の帯は赤。

146

147

148

Photo 146: Ground crew pull the chocks from under the wheels of a Zero Model 22-ko just before it begins taxiing.

Photo 147: A Zero Model 52 sits camouflaged amid earthen berms on Saipan.

Photo 148: A Model 21 Zero parked between earthen berms at Sinushir on the northern end of the Chishima Island chain.

Photo 149: Another summer 1942 shot from Kisuka, this time showing Type 0 Reconnaissance Seaplane behind the men in the briefing.

Photo 150: A Type 94 Reconnaissance Seaplane seen at Kisuka Island in the Aleutians. This is a summer 1942 photo, but the mountains in the background are snow-covered nonetheless.

149

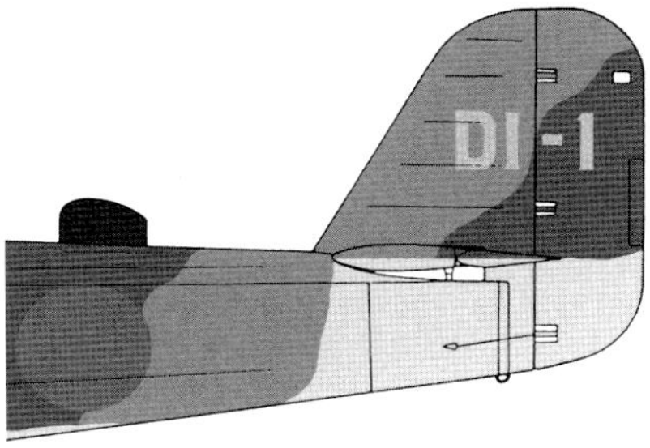

九四式二号水偵　軽巡洋艦『阿武隈』搭載機
昭和 17 年夏　キスカ島

Type 94 Mk II Reconnaissance Seaplane, Light Cruiser "Abukuma," Summer 1942, Kisuka

上面は緑黒色と土色の雲形塗り分け迷彩、カウリングは黒。主フロートの一部は銀色、尾翼記号は黄。

150

写真146
出撃命令が下り、左右の地上員が車輪止めを外し、滑走路に向けてタキシングを始める寸前の零戦二二甲型。主翼前縁から突き出た長銃身の九九式二号20㎜機銃が頼もしい。主翼の陰で部分的にしか見えないが、この零戦は、垂直尾翼全体を黄か何かの明色に塗る特異な識別塗装で知られた、第381航空隊所属機のようだ。場所は、セレベス、ジャワ、ボルネオ島のいずれかの基地であろう。

写真147
サイパン島第一飛行場周囲の「コ」の字形をした土盛り掩体の中で、対空偽装網を被せられた零戦五二型。細かい格子状の網の上に帯状の布を縞状に縫い付けたこの偽装網は、敵機から発見される確率を、かなり低下させる効果があった。

写真148
昭和19（1944）年夏、千島列島北端に位置する占守島の片岡基地に設けられた、土盛りの掩体壕内に駐機する第203航空隊所属零戦二一型。当時、アリューシャン列島方面からの幌筵、占守両島の日本陸海軍航空基地に対する米軍機の空襲が相次いでおり、この土盛り掩体も、上方に木枠を組んで網を張り、その上に松の小枝をのせるという念入りな対空偽装が施してある。真夏とはいえ、夜間は気温が急激に下がるので、零戦のカウリングには防寒用のカバーが被せてある。

写真149
昭和17（1942）年夏のキスカ島水上機基地で、第５航空隊の零式水偵が砂浜に駐機している。手前では冬期仕様の飛行装具に身を包む搭乗員たちが隊長（右）から出動前の訓示を聞いている。キスカ島の水上基地は戦闘よりも、この地域特有の悪天候で機材、乗員が失われるほうが多かった。

写真150
１年の大半が雪と氷に閉ざされる、北太平洋アリューシャン列島のキスカ島に進出した九四式二号水偵。昭和17（1942）年夏ごろの撮影もかかわらず、背後の山々は雪景色である。写真の機体は、尾翼記号「DI - 1」からして軽巡洋艦『阿武隈』の搭載機である。基地といっても、単に波静かな砂浜があるのみで、寒さもさることながら、地上員の苦労が想像できる。双フロートの間には三番（30 kg）爆弾が懸吊されている。

151

152

153

Photos 151-152: Zeros being prepared for a mission from Luzon in the Philippines in October of 1944.

Photo 153: A Zero Model 21 prepares for launch from a base in Taiwan.

Photo 154: The first-ever "Kamikaze special attack force," called the "Shikishima force" prepares to takeoff from Luzon.

Photos 155-156: A road near Manilla bay is used as a runway for the "Ouka" and "Shimu" forces as they takeoff on November 11, 1944.

154

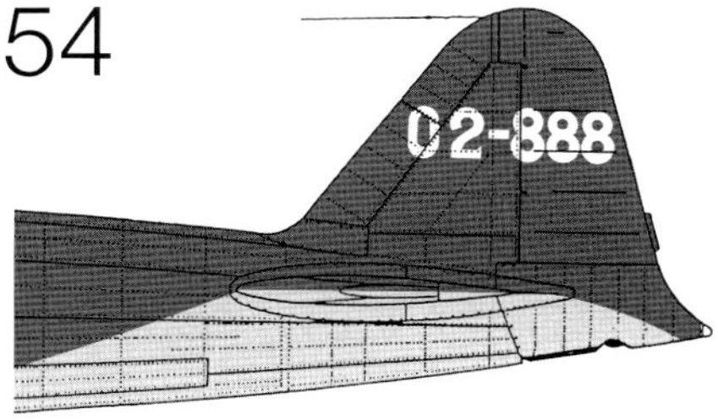

零戦二一型　神風特別攻撃隊“敷島隊”使用機
昭和 19 年 10 月　比島ルソン島／マバラカット

Type 0 Model 21 Carrier Fighter, "Shikishima Force" Kamikaze unit, October 1944, Luzon, Philippines

上面濃緑黒色、下面灰色、主翼上面、胴体日の丸は白フチ付き、尾翼機番号は白。

155

156

写真151・152

昭和19（1944）年10月、「捷号」作戦発動にともない、フィリピンのルソン島基地にて出撃準備に忙しい零戦隊。写真151の左から２番目は、主翼下面に三番三号爆弾らしきものを懸吊している。写真152は搭乗員が集まり、最終的な飛行コースの確認を行っているところらしい。背後の零戦五二型は、落下増槽が懸吊部覆を省略した、木製300リットル入りタイプであることに注目。

写真153

台湾の基地から出撃する直前の零戦二一型。発動機の暖気運転までを担当した地上員に替わり、搭乗員が操縦席に入るところのようだ。昭和19（1944）年の撮影で、すでに三菱、中島ともに工場では五二型の生産に切り替わっていたが、前線部隊には、なおも多数の二一型が配備されていた。

写真154

昭和19（1944）年10月25日、フィリピンはルソン島のマバラカット飛行場を発進する、最初の神風特別攻撃隊『敷島隊』の零戦群。手前の二一型「02 - 888」号は、同隊隊長の関行男大尉搭乗機とされている。胴体下面に特設爆弾架を介して懸吊した二五番（250kg）爆弾が、その非情なまでの任務を示している。後方には列機の五二型と、突入を助け、かつ戦果確認の任を帯びた直掩機（右奥の落下増槽を付けた機体）が続いている。万感の思いで見送る地上員たちに混じり、『敷島隊』の母隊となった第201航空隊の司令官、山本栄大佐（右手前、松葉杖の人物）の姿も見える。

写真155・156

フィリピンからの特攻隊出撃の模様だが、写真154の『敷島隊』の突入から２週間後の昭和19（1944）年11月11日、マニラ湾に面した道路を滑走路代わりにして出撃した『桜花隊』および『聖武隊』の零戦五二型である。写真155の二五番（250kg）爆弾を懸吊した機が突入機で、写真156の増槽を付けた機は直掩機。このあと特攻作戦が恒常化すると、零戦五二型は五〇番（500kg）爆弾まで抱えて出撃した。

日本海軍の爆弾投下器と爆弾

イラスト・文／浦野雄一（ファインモールド）

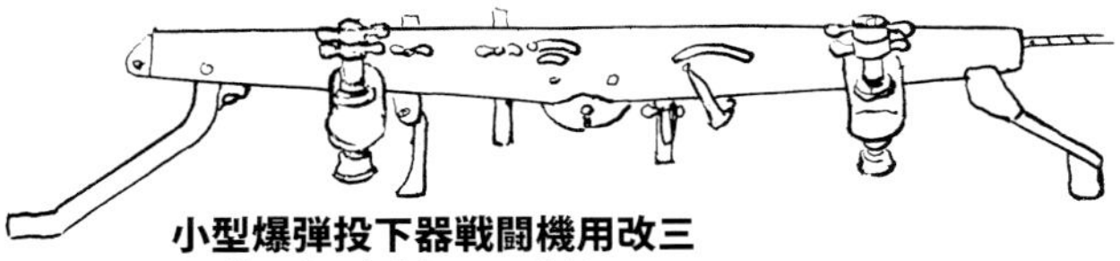

小型爆弾投下器戦闘機用改三
Small bomb rack, fighter use, Kai-3

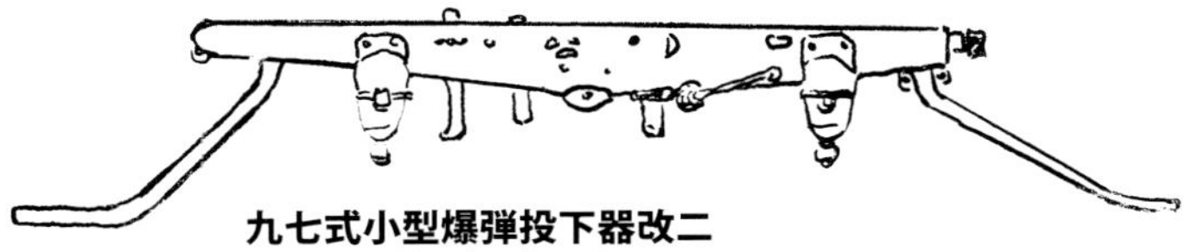

九七式小型爆弾投下器改二
Type 97 small bomb rack, Kai-2

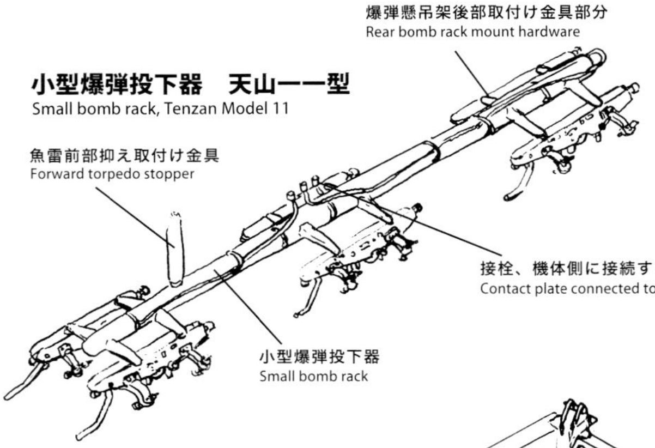

小型爆弾投下器　天山一一型
Small bomb rack, Tenzan Model 11

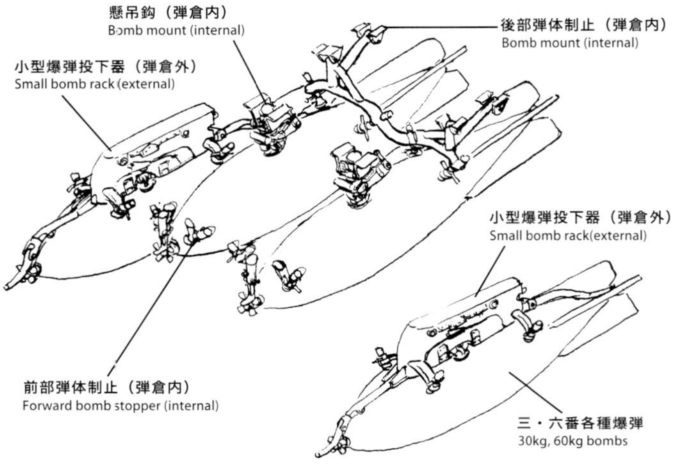

小型爆弾投下器（弾倉内、弾倉外）零式水偵
Small bomb rack (bomb bay internal, external) Type 0 Recon. Seaplane

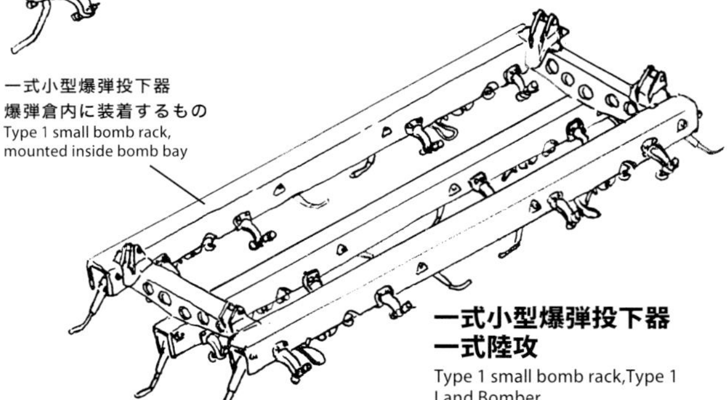

一式小型爆弾投下器
一式陸攻
Type 1 small bomb rack,Type 1 Land Bomber

海軍の本格的な爆弾の歴史は、大正10年の英国のセンピル氏による爆撃照準器を使用した爆撃法の教授に始まる。その当時の爆弾はナス型の弾体の弱い爆弾であったが、その後フランスの技術を導入して流線形の空気力学的に優れた爆弾に切り替えられた。昭和７年の上海事変当時にはこの形式のものが主流であり、対艦船攻撃用爆弾として30kg（三番と呼称）、60kg（六番）、250kg（二五番）、500kg（五〇番）、800kg（八〇番）の５種類があり、それぞれ通常爆弾二型（800kg爆弾は除く）と命名された。また陸上施設攻撃用には弾体の強度はさほど強くないが炸薬量の多い陸用爆弾が用意されていた。

昭和７年の上海事変では海軍機は陸上施設の爆撃を行うが、この実戦への投入により海軍爆弾の改良がなされていく。従来の陸用爆弾では堅固な建築物には従来の効果がなく、急きょ対艦攻撃用の通常爆弾を使用したといわれる。陸用爆弾も弾体強度を増して炸薬量も確保し、さらに多量生産に適した形状に改められた。

のちに、海軍では攻撃目標に応じてもっとも効果のあるように爆弾が開発されており、対艦船攻撃用の通常爆弾、対主力艦攻撃用の徹甲爆弾、陸上施設や輸送船攻撃用の陸用爆弾、編隊飛行する敵機を空中から攻撃する飛行機用爆弾、潜水艦攻撃用の対潜爆弾等が用意されていた。

ここでは各機に搭載された三番、六番用の小型爆弾投下器、二五番、五〇番用の中型爆弾投下器、八〇番用の大型爆弾投下器と爆弾（運搬）車を見ていきたい。

投下器の改良

昭和７年ごろ、従来の水平爆撃の他に急降下爆撃について本格的に研究がなされていくが、降下中に胴体下の爆弾をそのまま投下したのではプロペラに当たるので、爆弾誘導桿を投弾時に作動させてプロペラ圏外に放出することが考案された。

また航空機の速度が向上することにより、爆弾投下スイッチを押した後の投弾までのタイムラグが爆弾命中率に影響を及ぼしていた。投下金具と投下レバーを1本のワイヤーで直結させ、手動により投下させるものがもっとも単純なシステムであったが、レバーのストロークが多くなったり、引く大きな力が必要であった。また金具等が氷結した場合は投下できない恐れがあった。上記の機構上の問題により手動式のものでは投下時のタイムラグも大きいために、機速の早い航空機では精密な爆撃に影響を及ぼすことが懸念された。

このために昭和10年ごろより、全面的に電磁式投下器が導入される。投下金具の操作を電磁石によって行い、投下レバー等を操作した瞬間に投下装置を作動させるものである。しかし電磁式は装置の重量の割に投下力が少なく、不投下または不時落下等の事故が発生した。また飛行高度が高く、気温が低い場合は投下装置の氷結の恐れがあった。

これらの問題を解決するべく昭和12年ごろから火薬式の投下装置の研究を開始する。爆管式と呼ばれる小さなシリンダーに火薬を詰め、電気着火で爆発させて爆弾を機体の投下器の扼止から解除し、爆弾の自重により投下するというものであった。中型以上の爆弾を使用することの多い海軍機では、一式陸攻から後の機体の多くにこの方式を採用した（参考までに、九九式艦爆では電磁式や火薬式のかわりにテンションの高いバネを用いた独特のバネ式投下装置を装備していた）。

爆弾の装備は、（機体に投下器があらかじめ用意されていない場合は）まず装備する爆弾に合わせて爆弾投下器を機体に装着した。前線で展開した単発水上機の場合などは三番、六番などの小型爆弾を人力で装着していたようである。

一般的に二五番、五〇番などの中型爆弾以上の

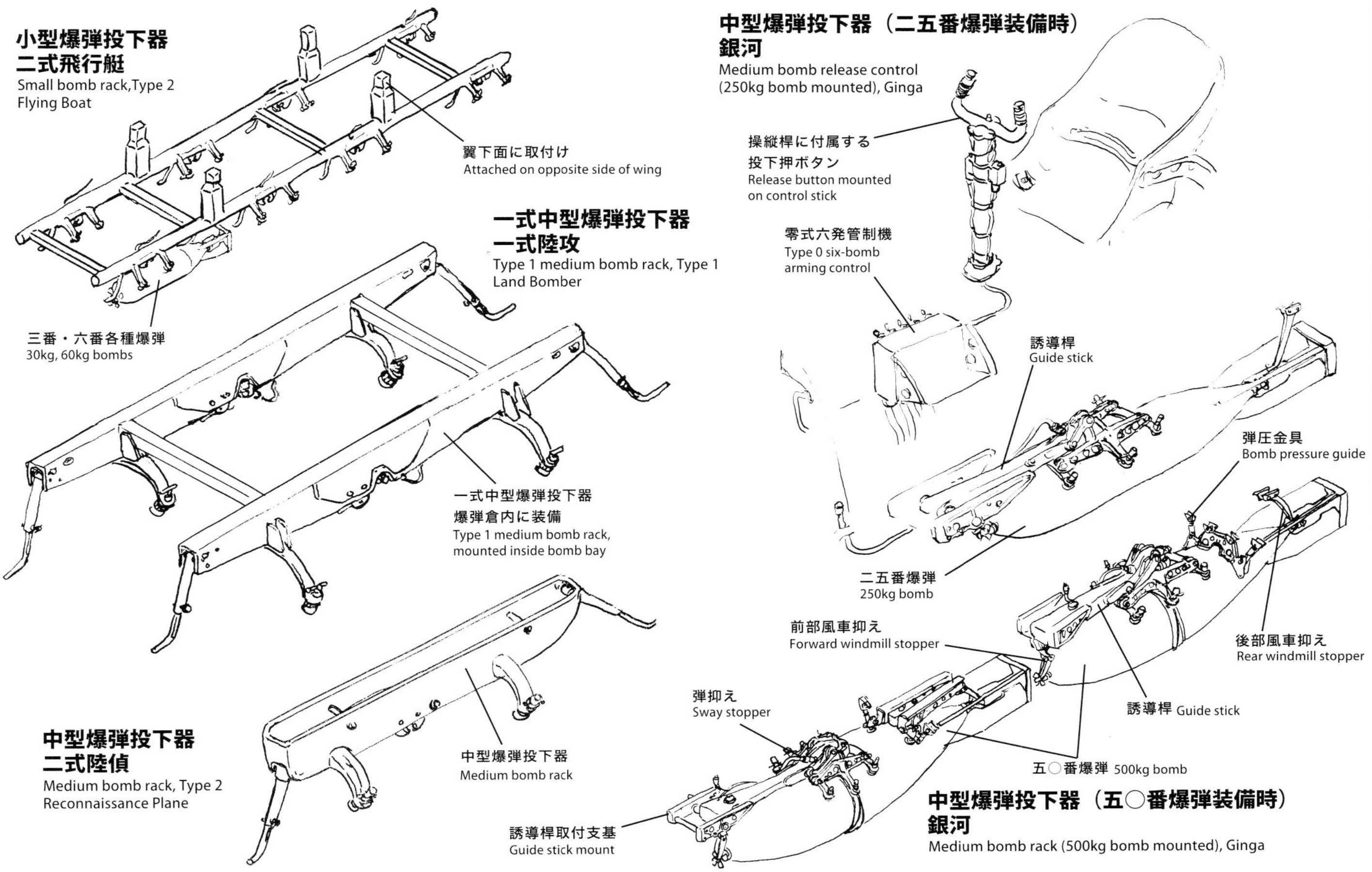

ものは巻き上げ機を投下器または機体に装着し、弾体を吊りバンドを装着したうえで巻き上げ索を取り付け、チェーンまたはハンドルで爆弾を持ち上げ、爆弾の吊環を投下器の懸吊鈎の投下金具に噛み合わせた。装着とともに弾体抑えや風車抑えを調整、巻き上げ機や装着バンドを取り外していた。（爆管式のものは爆管の挿入、接栓も機体側に接続する）これらの爆弾の運搬とリフトアップには後述する爆弾車を活用していた。

各投下器について

●小型爆弾投下器戦闘機用改三

三番、六番などの小型爆弾用で急降下爆撃にも用いられる。操作は手動式で投下索を引くことにより、懸吊鈎はバネの力と爆弾の自重により自動的に開放されるもの。爆弾一発を装着する。

●九七式小型爆弾投下器改二

三番、六番などの小型爆弾用で爆管式作動。爆弾一発を装着する。

●小型爆弾投下器（弾倉内、弾倉外）零式水偵

偵察のみならず対潜水艦攻撃にも活躍した零式水偵は胴体下面に爆弾倉を有し、また外部に小型爆弾投下器を装備できた。三番、六番などの小型爆弾を用いた。

弾倉内小型爆弾投下器の操作は手動式で小型爆弾投下器戦闘機用改三と同様であるが、爆弾倉扉が閉じた状態では投下把手（ハンドル）を引いても投下器の懸吊鈎が開放しないよう機械的に連動する安全装置を備えていた。また懸吊鈎はウォーム機構により上下方向に移動が出来、爆弾装着時に調節することができた。弾倉外小型爆弾投下器は三番、六番などの小型爆弾を装備し、作動についても小型爆弾投下器戦闘機用改三と同様である。懸吊鈎も上下方向に移動できた。

●小型爆弾投下器　天山一一型

天山は三番、六番の小型爆弾を胴体中心から300㎜右寄りに６発搭載できた。作動方法は九七式小型爆弾投下器改二と同様の爆管式作動。ただ、天山の爆装例は少なかったといわれる。

●一式小型爆弾投下器　一式陸攻

この小型爆弾投下器は一式陸攻専用で、爆弾層内部の前後に２セット装備され、１セットで６発の三番、六番爆弾を装備できた。爆管式作動。

●小型爆弾投下器　二式飛行艇

六番各種爆弾や三番演習爆弾などを８発装備でき、機体に付属して供給された。爆管式作動。地上、または浮舟上で爆弾を装備し、中間電覧により爆管の導通試験を終えた後、中間電覧を除去する。翼上の巻上げ機に翼下面まで巻上げ、前後の４本のピンで固定していた。

●一式中型爆弾投下器　一式陸攻

一式陸攻専用の中型爆弾投下器。爆弾倉内に前後に２セット装備される。このセットで２発の二五番爆弾を装備出来た。爆管式作動。使用後はとくに爆管室の手入れを行い、錆（サビ）が発生しないように注意された。

●中型爆弾投下器　二式陸偵

機体下面に装着される二五番各種爆弾用の中型爆弾投下器。爆管式の九七式中型爆弾懸吊鈎を装備していた。

●中型爆弾投下器（二五番爆弾装備時）銀河

図では前部の中型爆弾投下器しか描かれていないが、爆弾倉内部に前後２セットの中型爆弾投下

中型爆弾投下器　二式艦偵／彗星
Medium bomb rack (250kg bomb mounted), Type 2 Carrier Reconnaissance Plane/Suisei

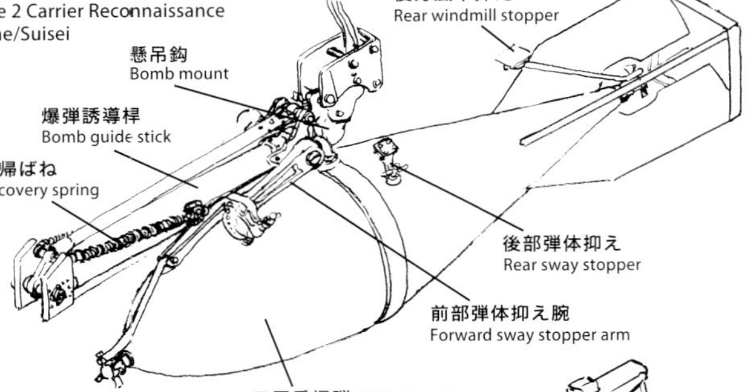

六〇キロ通常爆弾二型　塗方
60kg standard bomb model 2 markings

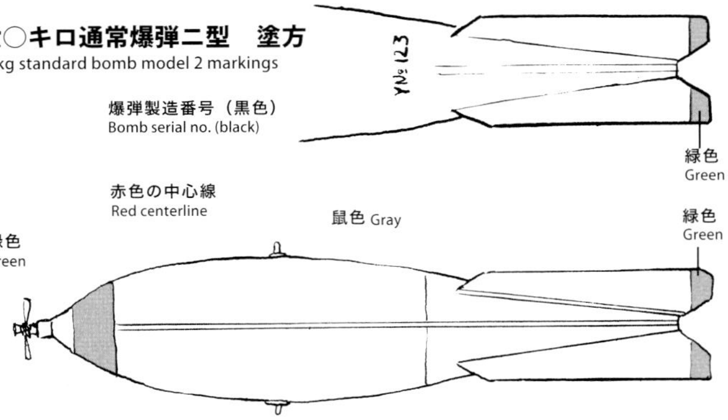

中型爆弾投下器　天山
Medium bomb rack, Tenzan

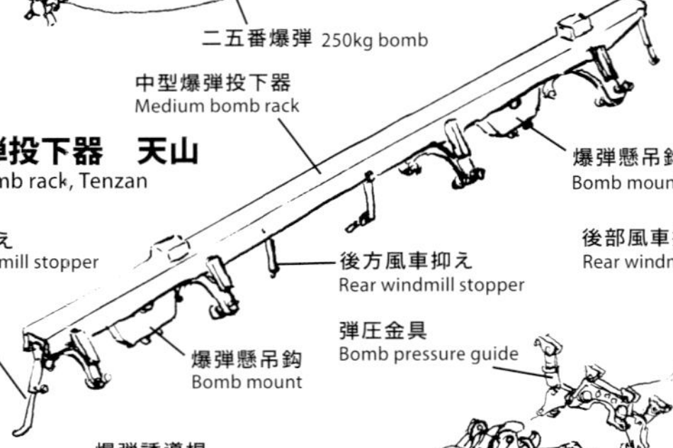

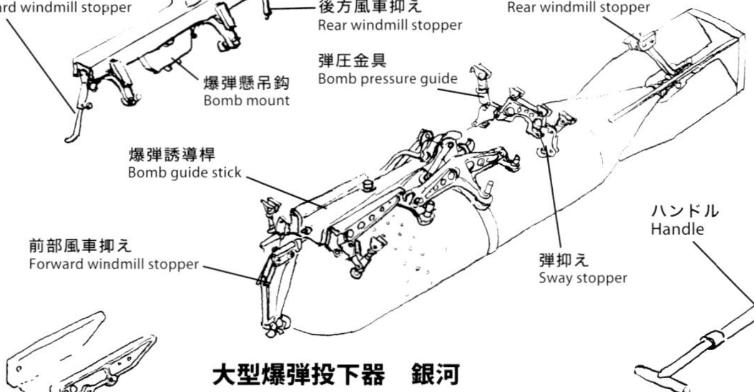

大型爆弾投下器　銀河
Large bomb rack, Ginga

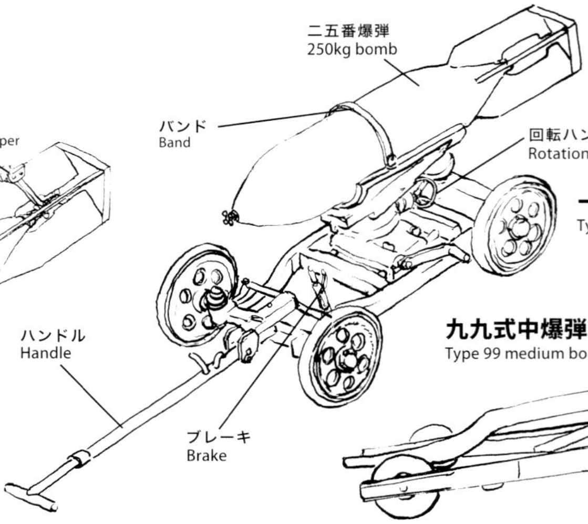

一五式中爆弾車改三
Type 15 medium bomb cart, Kai-3

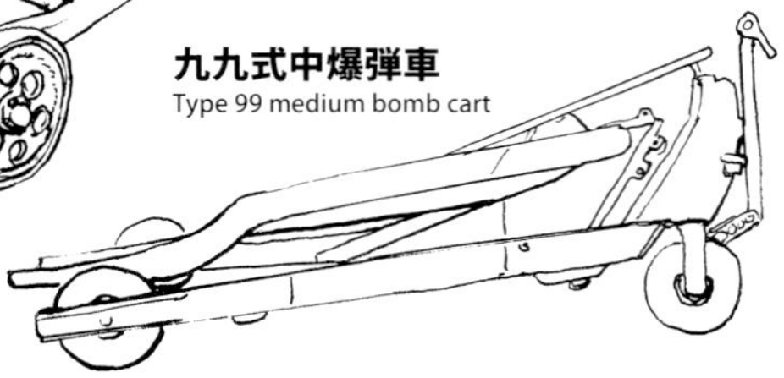

九九式中爆弾車
Type 99 medium bomb cart

器を装備した。中、大型爆弾を爆弾倉内に収納しているため、急降下爆撃時に爆弾をスムーズに機体に衝突させることのないようにバネの張力を用いた誘導桿により、弾抑えと爆弾は機軸線と平行を保ちつつ下方に押し出すように投下するものである。爆管式作動。爆弾投下装置は操縦桿に付属する投下押しボタンを操作し、零式六発管制機と爆撃装置配線を経て爆弾投下器に接続された。

●中型爆弾投下器（五〇番爆弾装備時）銀河
五〇爆弾を装備した場合は各後部風車抑えの前側に弾圧金具を装着している。

●中型爆弾投下器　二式艦偵／彗星
急降下爆撃用の爆弾投下器。五〇番、二五番爆弾兼用で手動式であった。安全索を引き、次に投下索を引くことにより懸吊鈎が開き、誘導桿の支点から45度回転したところで誘導先端の押し出し金具は爆弾の吊環と分離されて投下される。なお誘導桿は復帰用バネにより収納状態にもどった。また誘導桿滑動部には充分、耐寒用グリースを塗ることが奨励されていた。

●中型爆弾投下器　天山
二五番各種爆弾を２発装備する投下器で、爆管式の九七式中型爆弾懸吊鈎を2個連結したもの。天山への装備は小型爆弾投下器と同様である。

●大型爆弾投下器　銀河
爆管式の急降下爆撃用投下器。誘導桿は五〇番・二五番と共用し、弾抑えは五〇番と共用であった。爆弾の装着については、誘導桿離脱索を引き、懸吊鈎を開いて誘導桿をいっぱいまで下げる。吊環を懸吊鈎にかけ、巻上げ機にてゆっくり巻上げて指示金が「安」にあることを確認する。爆弾は懸吊鈎に懸吊し、誘導桿を胴体懸吊鈎に懸吊させて固定した。この搭載時の注意として爆弾搭載時に誘導桿離脱索を引けば胴体懸吊鈎が開き、事故に至ることが示されている。また弾抑えの過度な締め込みにも注意を促している。投下時は胴体懸吊鈎を脱し、爆弾を機軸に平行に弾倉外に放出させた。

●六〇キロ通常爆弾二型　塗方
海軍の爆弾は鼠色（グレー）が基本であり、弾頭（尾翼部分）の色わけで弾種を表現していた。六〇キロ通常爆弾二型の場合も発火装置を除き錆止め塗装がなされた後、爆弾頭部から72㎜、尾翼後方から25㎜を緑色に、その他を鼠色とした。両側に幅２㎜の赤い中心線を引き、また弾体上面に黒色で製造番号が記入されていた。

●一五式中爆弾車改三
基地および母艦用として二五番爆弾各種を搭載する運搬車。まず爆弾を飛行機に搭載運搬する場合、人力または自動車にて運搬し、機体の下にて上下左右、前後などの操作をハンドルにより操作し、適切な装備位置に爆弾を移動させるもの。爆弾を爆弾車に搭載した後は衝撃や振動で爆弾の位置がずれないように「バンド」にて緊紋する。移動の際はブレーキを外し、ハンドルにより操作する。飛行機に爆弾を搭載する場合は各作動回転ハンドルを操作して機体に取付けられた投下器まで揚弾し、懸吊させる。

●九九式中爆弾車
基地用で二五番各種爆弾を搭載可能。その特徴は油圧式ポンプにより地上にある爆弾をすくい、最高1.5m まで揚弾することができる。車輪は３点式で方向性は自在であり、油圧コックの操作により調整も可能で取り扱いも簡単だった。

日本海軍機の塗装〔日中戦争から太平洋戦争まで〕

Camouflage of Imperial Japanese Navy Air Units 1937-1945 イラスト／西川幸伸、文／編集部

日本海軍機の塗装は時代とともに変遷しており、その大きな流れについては81ページからの記事で紹介している。ここではそれに関連して、日中戦争から太平洋戦争終戦にいたるまでの代表的な機体塗装をご覧いただきたい。

〔日中戦争時〕

九五式艦上戦闘機
［A4N1］
第12航空隊所属、昭和12年

盧溝橋事件の勃発を受けて、昭和12（1937）年7月に佐伯空戦闘機隊を基幹として新編された12空戦闘機隊は、中国大陸の戦いに馳せ参じることとなった。図はちょうどそのころの同隊の九五艦戦で、編成地の佐伯を発するにあたり、大陸の地面の色にあわせて機体上面を土色で塗粧し、胴体日の丸後方には外戦部隊を表す白帯が巻かれていた。垂直尾翼に部隊記号は記入されておらず、機番号の「7」が白文字で大きく記入されているのみとなっている。

九六式一号艦上戦闘機
［A5M1/Claude Model1］
第12航空隊所属、昭和13年

中国大陸での戦いが始まり、一時は緑系の塗料を用いた雲形迷彩も見られた海軍機であったが、その後、とくに戦闘機に限っては迷彩をやめ、銀色の機体に尾翼の赤い保安塗粧という従前のスタイルに逆戻りしている。図の九六艦戦もやはり12空の所属で、垂直尾翼には同隊を表す「3」の部隊記号と機番号「133」が記入されている。自然界の擬態と同じく、迷彩は必然によって施されるものだが、それがないというのは戦勢が有利な証でもある。

零式一号艦上戦闘機一型
［A6M2a/Zero type11］
第12航空隊所属、昭和16年

零戦の最初の装備部隊は12空であった。図の機体はのちに一一型の呼称に変わる最初の型式。胴体日の丸附近を境に機体の塗色（灰緑色）が違って見えるが、これは駐機中、カバーをかけてあった部分だけが保護され、後方は大陸の強い日差しで褪色したからだという説が有力。なるほどこの頃、燃料のベーパーロック（上昇力の向上により、常温の燃料が急激に冷やされることによる現象）に悩んだ関係者が、カバーかけの励行を唱えた事実がある。

〔太平洋戦争開戦時：真珠湾攻撃隊〕

零式一号艦上戦闘機二型
［A6M2b/Zero type21］
空母赤城飛行機隊、昭和16年12月

昭和16（1941）年12月8日、ハワイ真珠湾攻撃に参加した空母「赤城」飛行隊長 板谷 茂少佐の搭乗機で、全面灰緑色にカウリングが黒というオーソドックスな例。胴体の赤帯1本と垂直尾翼の「AＩ」は第１航空戦隊1番艦「赤城」所属を、垂直尾翼の機番号を挟んで上下に配された3本の黄帯は「赤城」飛行隊長を表している。それ以外の要素はおおむね開戦時の母艦および基地航空隊の零戦も同様である。「一号二型」はのち「二一型」と呼称変更された。

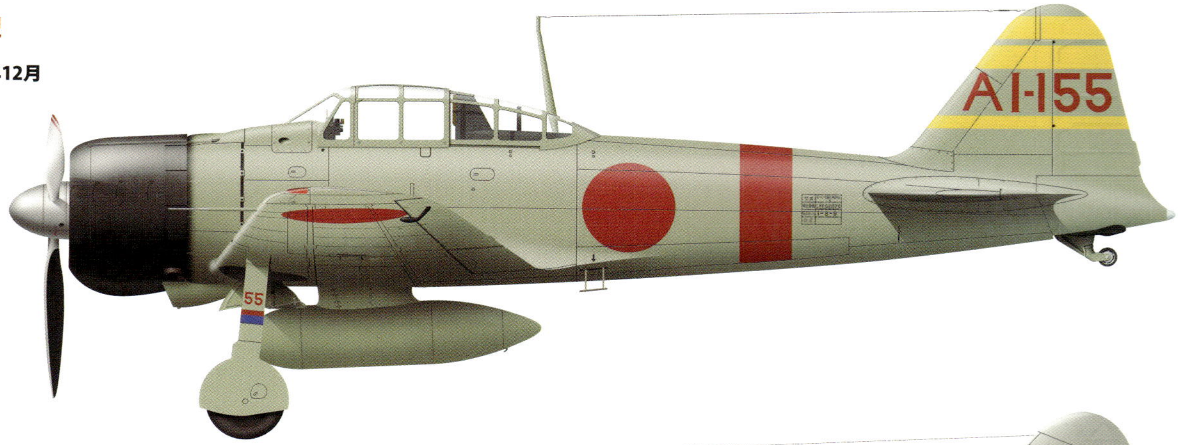

九九式艦上爆撃機
［D3A1/Val type11］
空母加賀飛行機隊、昭和16年12月

開戦時の空母飛行機隊の九九艦爆にも迷彩は導入されておらず、灰緑色塗装に機首部への防眩黒塗装を施したものであった。図も真珠湾攻撃に参加した機体で、胴体の赤帯2本と垂直尾翼の「AII」は１航戦2番艦「加賀」所属を表す。本機は企業や個人からの醵金によって献納された「報國号」で、山川新作一飛の搭乗機として有名。空母搭載の九九艦爆にはインド洋作戦の頃から濃緑色の迷彩が施されていく。なお、本機はのちに一一型と分類されるようになった。

九七式三号艦上攻撃機
［B5N2/Kate type12］
空母赤城飛行機隊、昭和16年12月

ハワイ作戦にあたり、空母搭載機のうち九七艦攻にだけは迷彩を導入する指示がなされている。図の機体は「赤城」飛行隊長にして空中総指揮官 淵田美津雄中佐の搭乗機で、機体上面を濃緑色でベタ塗りしたもの。「加賀」「瑞鶴」の九七艦攻も同様の迷彩であった。機体下面は銀色だが、無塗装ではなく、塩害対策のため透明ワニスが塗られていた。尾翼の赤塗粧と3本の黄帯は空中総指揮官を表す標識。主翼下面には機番号の下1ケタの「1」が記入されている。

九七式三号艦上攻撃機
［B5N2/Kate type12］
空母蒼龍飛行機隊、昭和16年12月

真珠湾攻撃隊の九七艦攻の迷彩は搭載される空母によってそれぞれ異なっていた。図は第2航空戦隊1番艦「蒼龍」所属機で、その迷彩は茶色と濃緑色のまだら模様で、2番艦「飛龍」機も同様。胴体の青帯1本と「BＩ」が「蒼龍」所属を表している（「飛龍」は青帯2本、「BII」）。第5航空戦隊「翔鶴」の機体は銀色に主翼上面と胴体上面のみ茶と緑で迷彩するパターンであった。なお、型式を表す「三号」はのちに「一二型」の表記に改められている。

〔太平洋戦争中期〕

零式艦上戦闘機二一型
［A6M2b/Zero type21］
空母翔鶴飛行機隊、昭和17年10月

昭和17（1942）年6月のミッドウェー海戦の大敗から立ち直った南雲機動部隊は第2次ソロモン海戦、南太平洋海戦とふたつの空母決戦を戦った。この頃の空母機の零戦は、図のように開戦時と変わらぬ姿だ。本機は新・第１航空戦隊「翔鶴」飛行隊長 新郷英城大尉の搭乗機で、胴体と垂直尾翼の白帯に赤フチがついた様子が鮮やか。機動部隊の再建にあたり、旧5航戦が新1航戦となったが、昭和17年中はそのまま「EⅠ」「EⅡ（瑞鶴）」の記号が使用された。

零式艦上戦闘機二二型
［A6M3/Zero type22］
第251航空隊、昭和18年6月

昭和17年12月に内地へ帰還した251空（旧・台南空）は零戦二二型に機種改変、翌年6月には再びラバウルへ舞い戻ったが、その際に時節を反映する濃緑色迷彩の導入を図っている（内地にいた頃は灰緑色のままであった）。図は西澤廣義上飛曹搭乗機といわれる機体で、主翼前縁には敵味方識別用の黄橙色が塗布されている。本来は251空を表す「U1」の部隊記号が機番号の前に記入されていたが、迷彩を導入した際に塗りつぶされたようだ。

零式艦上戦闘機二二甲型
［A6M3/Zero type22a］
第582航空隊、昭和18年6月

こちらもラバウルなど南東方面の戦場で活躍した582空の零戦で、やはり尾翼の部隊記号は塗りつぶされているが、胴体のくさび形帯（シェブロン）から同隊の所属機と断定できる。戦闘機隊長の進藤三郎大尉機と伝えられる機体で、2本目のくさび形帯が長機標識である。二二型の生産機の途中から迷彩が施されるようになっており、本機もそのうちの1機と見られ、風防枠にも丁寧な塗装がなされている。主翼の敵味方識別帯が幅広であるのに注意。

二式艦上偵察機一一型
［D4Y1/Judy-Recon type11］
横須賀航空隊、昭和19年初頭

彗星艦爆の先行生産機ともいうべき二式艦偵の、生産45号機までの特徴（前方固定風防が平面形）を持つ機体で、横須賀航空隊の所属機。空技廠で開発された彗星の生産は愛知航空機でなされたが、濃緑色迷彩は当初からきれいな波形の塗り分けをもって実施されている。幅広の敵味方識別帯が目をひくほか、胴体日の丸に日章旗状に四角く白地が付けられているのが興味深い。これは昭和17年の陸海軍防共協定に則ったもので、一式陸攻などでも見られた。

〔太平洋戦争後期〕

零式艦上戦闘機五二型（三菱製）
［A6M5/Zero type52 by MITUBISHI Works］
第381航空隊、昭和19年春

三菱における零戦の迷彩は二二型の生産途中から実施されるようになった。その塗り分けラインは主翼付根後縁から胴体後端の尾灯附近まで直線状に伸びるというもの。図は五二型の三菱生産機を表したもので、水平尾翼付根も下面色のまま。胴体後部の銘板部分はきれいに灰緑色の下地が塗り残されている。なお、プロペラやスピナーが生産ラインで茶色に塗られるようになるのは昭和19（1944）年中頃からだが、前線ではこれに先立って実施されている。

零式艦上戦闘機五二型（中島製）
［A6M5/Zero type52 by NAKAJIMA Works］
第653航空隊、昭和19年初秋

零戦のライセンス生産を行なっていた中島飛行機では、昭和19年初めまで二一型を生産し、そこから一気に五二型の製作に切り替わった。もちろん、二一型の生産途中から迷彩塗装は実施されており、その塗り分けは図のように主翼付根後縁から水平尾翼前縁までゆるやかに立ち上がり、その後縁から尾灯附近へと、またゆるやかに下がっていくというもの。なお、同じ濃緑色でも三菱のものは多少明るめ、中島のものは少し青が強いというのが定説である。

局地戦闘機 雷電一一型
［J2M1/Jack type11］
第332航空隊、昭和19年末

雷電は日本海軍戦闘機の中では珍しく、操縦席前方から機首前端にかけて防眩黒塗装を施していた（オレンジ色の試作機では他の機でも見られたが）。これは強制冷却ファンを納めた機首が長いための措置といわれる（その割には彗星などの機種の長い機体には実施されていない）。図は阪神地区防空を担った332空の昼戦隊の所属機で越智明志上飛曹の搭乗した機体。機体の迷彩の塗り分けは三菱製零戦に準じた直線的なラインをしていることがわかる。

夜間戦闘機 月光一一型
［J1N1-S/Irving type11］
第302航空隊、昭和20年1月

日本海軍では地上に隠匿する際に目立たなくなるよう、機体上面に施された迷彩であったが、これを全身に施して夜間における作戦行動を有利に運ぼうとする機体があった。夜間戦闘機がそれである。図は日本海軍初の夜間戦闘機となった月光で、302空においてB-29邀撃戦に活躍した遠藤幸男大尉機。胴体に記入された八重桜は撃墜を、一重桜は撃破を表している。同様に機体下面を塗装した例は夜間作戦行動をする一式陸攻の部隊などでも見られた。

日本海軍機塗装、機番号の変遷

1
戦前の複葉機時代の海軍機を象徴する塗装だった、全面銀色に尾翼の赤色保安塗粧。写真は昭和９年４月14日、東京の羽田飛行場で開催された、報国号献納式典における九二式艦攻、九〇式二号偵察機（左奥）。

2
昭和12年７月の日中戦争勃発を契機に導入された緑黒色と土色の迷彩例。美幌航空隊所属の九六式陸攻二三型で、明度の低いほうが緑黒色。パターンは雲形塗り分けというよりも、縞状に近い。主翼、胴体日の丸に細い白フチを追加している。

3
山口県の岩国基地に並んだ、岩国空の九六式四号艦戦と零戦二一型（手前の２列）群。全面銀色／ワニス塗布仕上げの前者と「飴色」と通称された灰緑褐色塗装の後者との明度の違いに注目されたい。

1. The typical pre-war biplane era paint scheme, all sliver with a red tail.

2. The green-black and brown camouflage scheme introduced with the beginning of hostilities in China.

3. A Type 96 Mk IV Carrier Fighter in a varnished silver finish and a Zero Model 21 (first two rows) in what was commonly known as "ame-iro," a gray-green scheme.

機体塗装の変遷

大正時代までの揺らん期は別として、昭和時代に入ってからの海軍機は、表面の仕上げ塗装として、アルミニウム粉末をワニスなどと混合した、銀色塗料を塗っていた。これは防水、防蝕、表面の平滑度を上げることなどを目的に施されていた。当時のマスコミが盛んに用いた「銀翼の海鷲」という形容詞は、この塗装に由来している。

昭和８（1933）年６月５日、海軍は「飛行機保安塗粧法」なる規定を設け、陸上実用機の水平、垂直尾翼を赤色に塗るように通達した。これは海上に不時着した場合などに、救助隊が発見し易くするための措置で、昭和10（1935）年５月には、水上機、練習機もその対象となった。

なお、昭和13（1938）年12月には、練習機は発動機覆（カウリング）、尾翼を除いた機体全面を黄色（実際には赤味のあるオレンジ色で黄橙色という表現が妥当）に塗ることが通達され、翌14（1939）年から実施に移された。その目的はいうまでもなく、まだ技倆未熟なパイロットが操縦している練習機だけに、いつなんどき不慮の事故を起こすか分からず、周囲に「危険物」の存在であることを知らせるためであった。

昭和12（1937）年７月、中国大陸にて日・中両軍が衝突して、いわゆる日中戦争（当時は支那事変と称していた）が始まり、これに参加した海軍機は、大陸の風景に適合するように上面に緑黒色（ダークグリーン）と土色（ブラウン）の雲形塗り分け迷彩を施すようになった。迷彩パターンは、全体的に統一されたわけではなく、機種、あるいは機体ごとにまちまちであった。

なお、迷彩を施した機体の下面は、原則的に銀色のままであったが、昭和13年以降、九四式、九五式水偵などは、下面を灰色に塗ったようだ。

また昭和13（1938）年１月には、陸攻の上面迷彩色が枯草色（カーキ）に変更された。これは大陸の冬枯れの風景に対応したものであることはいうまでもないのだが、実際に本色１色ベタ塗りにした例はなく、緑黒色と併用された。

日中戦争の期間中、これに参加しない内地部隊の機体などは、もちろん従来通りの銀色塗装のまま通したのだが、九六式艦戦、九七式三号艦攻、さらには昭和14（1939）年11月から就役した九九式艦爆は、その高性能もあって日中戦争に参加した部隊でも銀色（九七式艦攻の場合は、無塗装ジュラルミン地肌の磨き上げ仕上げのまま）で通した。

昭和15（1940）年11月、海軍は「連合艦隊飛行機識別規定」の改訂を公布し、その第一項で、「艦上戦闘機、艦上攻撃機、九九式艦上爆撃機、十二試三座水上偵察機（のちの零式水偵）、オヨビ十試水上観測機（のちの零式観測機）ノ外ハ迷彩塗装ヲ実施スルモノトス」と規定した。その対象外となった上記機種は、どうなったのかといえば、零戦の例に見るように全面を光沢のある灰色に塗ったのである。

この灰色は、黒と白を混ぜて出来る単純な色調ではなく、褐色と緑色を含んだ、微妙なもので、とりわけ零戦のそれは、灰緑褐色と表現するのが妥当な、意外に明度の低い色調であった。海軍の

日本海軍機塗装、機番号の変遷

4

昭和18年4月、『い』号作戦に際し、ソロモン諸島のブーゲンビル島ブイン基地から発進する直前の零戦二一型群。明度の異なったグリーン系塗料により、大、小の斑、格子状などのパターンに吹きつけた応急迷彩がみてとれる。

5

昭和17年10月6日付けの陸海軍中央協定に基づいた、胴体日の丸の「方形国旗状標識」と、主翼前縁の味方識別帯（黄）を記入した、横須賀空所属の二式艦偵。塗装は昭和18年6月頃制定の上面濃緑黒色／下面灰色の標準迷彩である。

6

海軍最初の航空隊となった横須賀空所属の九七式一号艦攻。常設航空隊の基準である片仮名の部隊符号「ヨ」と、攻撃機に割り当てられた300番台の機番号がわかる。機体は無塗装ジュラルミン地肌で、尾翼に赤色保安塗粧という、戦前の九七式艦攻の標準仕様。

4. A group of Model 21 Zeros in what appears to a spur-of-the-moment sprayed mottling scheme using two different shades of green.

5. A Type 2 Carrier Reconnaissance plane marked in the scheme made official in June 1943: a black/green upper surface with a gray underside. It also carries the "hinomaru" on the fuselage and yellow leading edge tactical recognition stripes approved on October 6, 1942.

6. A Type 97 Carrier Attack Plane with the official kana (phonetic characters) "yo" and 300-series markings on the tail of a plane from a fixed kokutai.

公式文書中では「現用飴色」という抽象的な表記で記されている。飴色というのは、いわゆる水飴に連想される透明感のある褐色を示す。

◆　◆　◆

太平洋戦争が始まった時点で、海軍第一線機の塗装は、九六式艦戦が全面銀色（表面はワニスを塗布）、零戦、九九式艦爆、零式水偵、零式観測機が全面「飴色」、および灰色の単一塗色、ハワイ作戦参加の九七式艦攻、その他が上面に迷彩という状況であったが、日中戦争当時とは比較にならぬ厳しい現状ということもあって、昭和17（1942）年春ごろまでには、九九式艦爆、零式観測機、零式水偵の３機種も上面に濃緑黒色１色のベタ塗り迷彩を導入し、零戦も、同年夏以降、ソロモン戦域展開の陸上基地部隊を皮切りに「飴色」仕上げの上面に、濃緑黒色、緑黒色、淡緑色などの、調達可能な塗料を斑、格子状など、様々なパターンに吹きつける応急迷彩を導入していった。

昭和18（1943）年に入ると、第一線航空部隊のほとんどが迷彩を施している現状に鑑み、海軍は同年6月頃に、実用機の上面は濃緑黒色（海軍航空機用塗料色別標準ー仮規117別冊ーに基づく記号では D1）のベタ塗り、下面は灰色（同 J3）に統一することを規定し、以降敗戦までこれを適用した。ただし、九六式陸攻、一式陸攻の下面は無塗装ジュラルミン地肌のままとされ、大戦後期に就役した『天山』、『流星改』などは、工程簡略化のため、同様に無塗装のままとした。

なお、これに先立って、昭和17（1944）年10月６日には、陸海軍中央協定に基づく措置として、最前線での錯綜した情況のもとでの味方識別を容易にするため、主翼上面、胴体日の丸に、幅75㎜の白フチを付けるか、胴体日の丸周囲を白い四角地にする、いわゆる「方形国旗状標識」とし、加えて主翼前縁の内側約半分を黄色（実際には黄橙色）に塗ることを規定した。

もっとも、この措置は、逆にいえば敵機からも格好の識別目標になるわけで、主翼前縁の黄塗装を除き、前線部隊では日の丸の白フチは意図的に塗り潰し、方形国旗標識は、一式陸攻、九七式艦攻、水上偵察機の一部などを除き、それほど広範に適用されなかった。

B-29による本土空襲が始まった昭和19（1944）年６月以降、台湾、朝鮮も含めた、所在の練習航空隊機にも迷彩の必要が生じ、九三式中練、零式練戦なども、全面黄色塗装の上面に、濃緑黒色を吹きつけた。これに関連し、防空部隊の一部でも、日の丸の白フチ、主翼前縁の味方機識別帯を塗り潰す例が多々、みられた。

部隊記号、機番号の規定

日本海軍に限ったことではなく、軍用機はその所属を一目で識別できるように、胴体、垂直尾翼などに固有の符号、番号を記入するのが通例である。

海軍の航空部隊は、大正５（1916）年４月１日に開隊した横須賀海軍航空隊を先駆けとし、以後、昭和20（1945）年８月15日の敗戦と同時に消滅するまでに空母部隊も含めて、約200にものぼる航空隊が作られた。

海軍の航空部隊は、陸上基地と空母部隊に分けられ、前者は最初の横須賀空や大村空、佐世保空、霞ヶ浦空のように、基地が所在する地名を冠した

7

8

7. A 13-shi Mk II Carrier Attack Plane from Akagi showing the scheme that was typical prior to the start of the war with China.

8. A Type 95 Mk II Reconnaissance Seaplane "A II-2" showing the new alphabet/roman number combination system for unit markings established in November 1940.

9. This is the three-character scheme used for marking carrier-based aircraft also established in November 1940. Seen here is a Zero Model 21 "A1-1-129" marked entirely in ame-iro (gray-green).

9

7
日中戦争が始まるまでの空母搭載機の典型的な塗装・マーキングをみせる『赤城』所属の十三式二号艦攻。昭和10年頃の撮影で、機体はもちろん銀色仕上げ、尾翼の保安塗粧ありという状態。『赤城』を示す部隊符号、片仮名の「ハ」と300番台の機番号は、胴体後部両側、左、右下翼下面、それにこの角度からは見えないが、上翼上面にも黒で記入されている。

8
昭和15年11月に規定されたアルファベットとローマ数字の組み合わせによる部隊符号を記入した、戦艦『陸奥』搭載の九五式二号水偵「AⅡ－2」号。Aは第1戦隊、Ⅱは同戦隊内の2番艦を示している。昭和16年10月の撮影で、機体は緑黒色／土色の迷彩を施している。胴体後部の黄斜帯は戦艦『長門』搭載機にもみられるので、第1戦隊を示す標識と思われる。

9
昭和17年11月に規定された3文字の空母搭載機部隊符号例。全面「飴色」塗装の零戦二一型「A1－1－129」号機で、Aは第3艦隊、1は第1航空戦隊、ハイフンを介した1は同戦隊内の1番艦を示す。文字は赤で記入された。

常設航空隊と、日中戦争を契機に誕生した第12、13、14、15航空隊のように番号を冠した作戦部隊（当時の海軍用語では「実施部隊」）の特設航空隊に分類される。

常設航空隊は、その名称の頭文字を片仮名にして部隊符号とし、のちに大村空に続いて大分空、大津空などのように、頭文字を同じくする航空隊が開隊すると、後から開隊した部隊は２文字（例：大分空ーオタ、大津空ーオツ）にして、これを区別した。

日中戦争期間中の特設航空隊は、防諜上の配慮により、アルファベット１文字、またはアラビア数字１文字を無作為に割り当てて部隊符号とした。これは水上機母艦、重巡洋艦が搭載した水上偵察機にも適用された（例：12空ーS、のちに３、13空ーT、のち４、『神威』ー５、『能登呂』ー13）。

いっぽう、空母搭載機は、各艦ごとに固有の部隊符号を割り当てていた。それは最初の『若宮』を「イ」、以後、竣工順に『鳳翔』が「ロ」、『赤城』が「ハ」、加賀が「ニ」という具合に片仮名１文字を適用したが、日中戦争が始まると、これを廃止して、任意のアルファベット１文字に変更された（例：鳳翔ーL、加賀ーK、龍驤ーV、蒼龍ーW）。

これらの部隊符号のあとに、ハイフンを介して記入される機体ごとの固有番号には、機種ごとに番台が割り当ててあり、水上機、飛行艇は１～99、戦闘機は100番台、爆撃機は200番台、攻撃機は300番台、練習機は400～800番台、輸送機、その他は900番台となっていた。

なお。戦闘機の場合、太平洋戦争後期になって、特設飛行隊制度が導入され、また302空や元山空のように、同一航空隊内に２種以上の戦闘機が配属されたり、装備数が多くなった場合には、1100番台を割り振る例もあった。

◆　◆　◆

昭和15（1940）年11月15日、海軍は前述の「連合艦隊飛行機識別規定」改訂により、艦船搭載機、空母、陸上基地部隊も含めた部隊符号基準を改め、一部を除いてアルファベットとローマ数字の組み合わせによる２文字構成にすることとした。

これは、戦隊ごとに戦艦部隊の第１戦隊のＡから順に割り振り、戦隊内の序列をローマ数字のⅠ、Ⅱで表したものである。例をあげると戦艦『長門』『陸奥』の2隻で構成される第１戦隊は、前者が「AⅠ」、後者が「AⅡ」、空母『蒼龍』『飛龍』の２隻で構成される第2航空戦隊は、前者が「QⅠ」、後者が「QⅡ」を適用した。

この要領は、昭和16（1941）年４月、昭和17年７月の改訂の際に、アルファベットの割り当て変更、戦隊を構成する隻数の増加、根拠地隊が航空隊名称をそのまま部隊符号に用いるなどの小さな変更はあったものの、昭和17年11月１日の航空部隊改編まで基本的には同じだった。

昭和17（1942）年11月１日、海軍航空部隊の改編が実施され、これにともない空母部隊の固有符号基準も変更になり、ハイフンを挟んで左側にアルファベットのＡとアラビア数字、右にアラビア数字1文字という形になった。Ａは各空母が属する第３艦隊を表しており、次のアラビア数字は、航戦内での序列を表していた（例：第１航空戦隊１番艦『瑞鶴』ー「A1－1」、第２航空戦隊２番艦『隼鷹』ー「A2-2」）。もっとも、昭和18（1943）

日本海軍機塗装、機番号の変遷

10

10
昭和17年11月導入の陸上基地航空隊の部隊符号例。昭和18年５月頃、ラバウル東飛行場における204空の零戦三二型「Ｔ２-190」号機。「Ｔ」は204空が隷属する第26航空戦隊を、「２」は同戦隊内での２番目の航空隊を示している。部隊符号と機番号を、このように２段にして記入したのは、204空だけで、他にはほとんど例がない。

11
昭和18年７月１日付けで発足した、決戦用の第１航空艦隊隷下部隊を示す、漢字の通称名を用いた部隊符号例。「鷹」は523空を示す。写真は『彗星』一一型で、523空は爆撃機に割り振られた200番台の機番号を使わずに、１～２桁の通し番号にしていた。

12
海軍最後の艦隊航空隊となった653空所属の零戦五二乙型。隊名称をそのまま部隊符号とするのは、昭和19年後半以降の陸上基地航空隊も同様だった。653空では、機番号を隷下飛行隊ごとに２、３桁に振り分け、戦闘爆撃任務の166飛行隊は、爆撃機を示す200番台を用いた。符号／機番号は黄が標準だが、赤を使用した例もある。

10. Here is an example of the marking scheme for land-based aircraft established in November 1940. This is "T2-190," a Zero Model 32 seen in May 1941.

11. An example of the unit name abbreviations using kanji (Chinese characters) marked on aircraft of the 1st Kokukantai. This system was started July 1, 1941.

12. A Zero Model 52-Otsu of the 653rd Kokutai. Unit names were marked directly on the aircraft as unit codes like this beginning in the latter half of 1942. Land-based units were also marked the same way.

11

12

年４月にソロモン戦域の陸上基地に母艦航空隊が派遣されたころには、防諜上の配慮もあって、１文字目の「Ａ」は記入せず、『隼鷹』搭載の九九式艦爆などは、「2 - 2 - 202」のようにしていた。

いっぽう、特設航空隊は３桁のアラビア数字による隊名称に統一されることになり、同時に部隊符号もアルファベットとアラビア数字の組み合わせに変更された。

アルファベットは航空戦隊ごとに任意に割り振られ、アラビア数字は、隷下の航空隊の１から順に割り振った（例：昭和18年４月頃、ソロモン戦域に展開した第26航空戦隊隷下の705空ー「T1」、204空ー「T2」、582空ー「T3」）。

もっとも、この規定に沿わなかった例もあり、昭和18（1943）年後半のソロモン戦域に展開した陸上基地の零戦隊は、防諜上の配慮により、隊名称に関連のないアラビア数字１文字を部隊符号とした（例：204空ー９）。

また、昭和18（1943）年７月１日に新編された第１航空艦隊（陸上基地部隊）の隷下航空隊は、正規の３桁数字隊名とは別に付与された「虎」（261空）、「龍」（761空）、「鷹」（523空）などの通称名をそのまま部隊符号として用いていた。

昭和19（1944）年２月、海軍は航空部隊の大改編を実施し、新たに特設飛行隊制（いわゆる「空地分離」）を導入した。これは航空機と乗員を「飛行隊」という独立した組織とし、作戦に応じて各航空隊の間を転入、出させ、身軽に移動できるようにするというもので、これにより部隊の運用効率を高めるのが目的であった。

特設飛行隊の隊名は１～３桁のアラビア数字とされたが、尾翼の部隊符号にこれを充てる例は稀で、通常は所属する航空隊名称を使用した。これに関連し、昭和19（1944）年後半以降の陸上基地航空隊は、隊名３桁、もしくは下２桁を部隊符号とするのが通例となり、機番号も含めて、ほとんど黄色に統一された。

昭和19（1944）年２月の改編は、空母部隊にも変革をもたらし、それまで艦載機は各空母固有だったのを廃し、600番台の隊名称を冠する航空隊を編成し、作戦の際は、これらが各空母に便乗するという形を採った。これも「空地（艦）分離」の一環である。

この変更にともない、尾翼部隊符号規定も改訂され、３桁のアラビア数字を導入した。１文字目は、すべて「３」で始まった。これは空母すべてが第３艦隊に属していることを示す。２文字目は、便乗する空母が属する航空戦隊、そして３文字目が航空戦隊内での序列となる（例：601空の所属機が便乗する第１航空戦隊の空母は、『大鳳』ー311、『瑞鶴』ー312、『翔鶴』ー313）。

しかし、この規定は昭和19（1944）年６月のマリアナ沖海戦で空母部隊が事実上、壊滅してしまったことにより、わずか４か月足らずで廃止され、以後は、航空隊名称をそのまま用いる方式に変更された。とはいっても、艦隊航空隊は、事実上、653空だけとなっており、昭和19（1944）年10月の捷一号作戦にて、残存の空母４隻はすべてフィリピン沖に沈み、653空も11月15日付けをもって解隊、敗戦を待たずに伝統ある海軍艦隊航空隊は潰え去ったのである。

戦争末期の防空戦を別にすれば、本土、および台湾の航空基地では、訓練と哨戒任務が主体の、ごく平穏な日常が続いていた。かといって、整備や飛行作業がのんびり行われたというわけではなく、厳しさは前線基地と何ら変わりがなかった。

前線基地のように、海軍の報道班が足しげく訪ねてきて、写真撮影、取材を行うような対象ではなかったのだが、そのかわり、個人的に写真を撮る機会は多く、意外に優れた写真が残ったのも事実である。

本土の基地は最前線の実戦の緊迫感という点はないにしろ、これら内地で撮られた写真は､比較的自由に記録されたものが多く、資料的には、むしろ得難い存在といえるだろう。本章の写真は、そうしたものの中から、とくに人と機体の交わりという観点で選び抜いたものである。前線基地での写真とは、また違った意味での情報が得られると思う。

Chapter 6: Japanese Mainland

第六章
日本本土の空と海

日本々土内飛行場配置図　昭和 20（1945）年当時

※○で囲われた数字が海軍飛行場

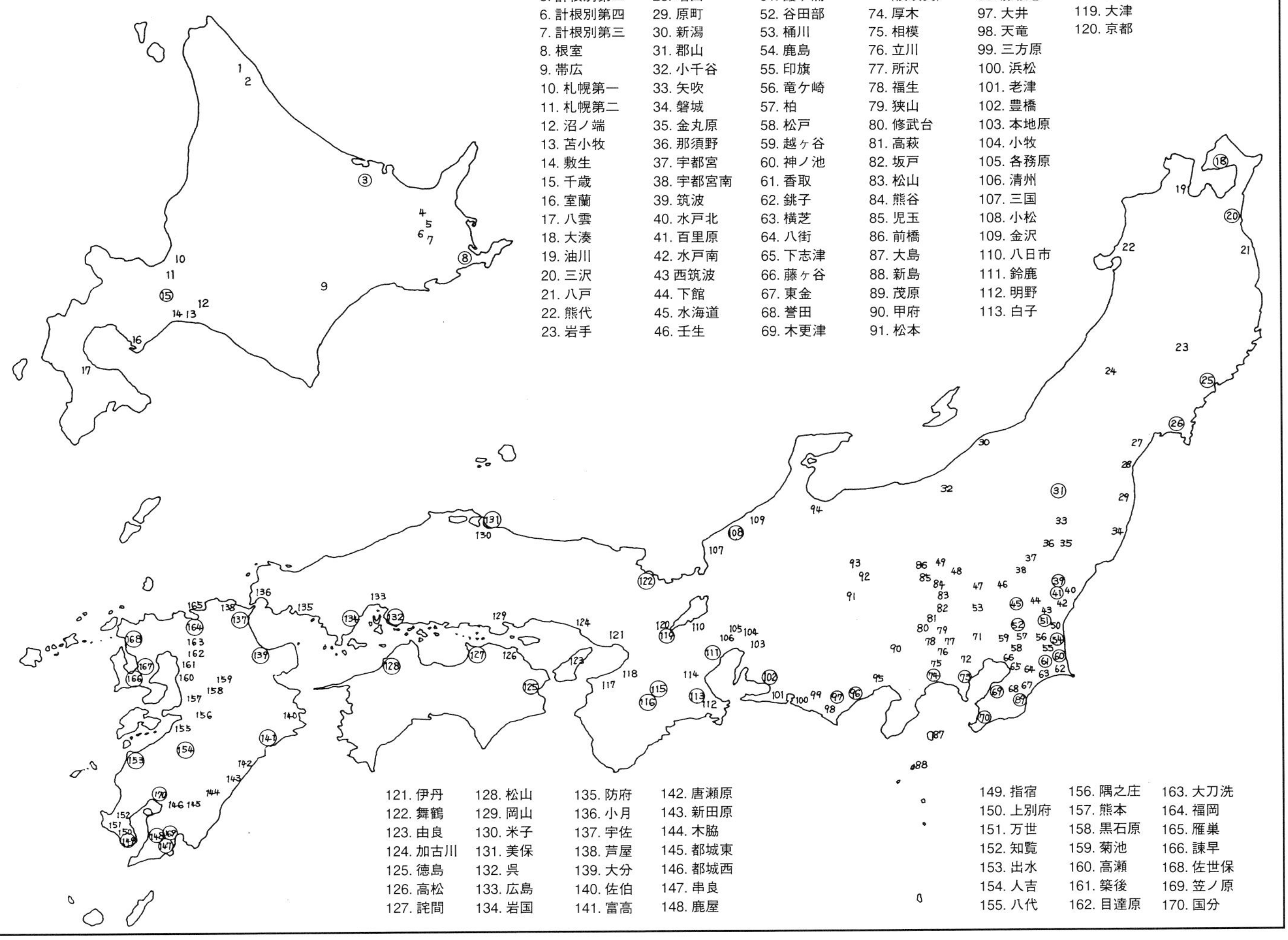

1. 浅茅野第一
2. 浅茅野第二
3. 美幌
4. 計根別第一
5. 計根別第二
6. 計根別第四
7. 計根別第三
8. 根室
9. 帯広
10. 札幌第一
11. 札幌第二
12. 沼ノ端
13. 苫小牧
14. 敷生
15. 千歳
16. 室蘭
17. 八雲
18. 大湊
19. 油川
20. 三沢
21. 八戸
22. 熊代
23. 岩手
24. 真室川
25. 気仙沼
26. 松島
27. 仙台
28. 増田
29. 原町
30. 新潟
31. 郡山
32. 小千谷
33. 矢吹
34. 磐城
35. 金丸原
36. 那須野
37. 宇都宮
38. 宇都宮南
39. 筑波
40. 水戸北
41. 百里原
42. 水戸南
43 西筑波
44. 下館
45. 水海道
46. 壬生
47. 館林
48. 太田
49. 新田
50. 鉾田
51. 霞ヶ浦
52. 谷田部
53. 桶川
54. 鹿島
55. 印旗
56. 竜ケ崎
57. 柏
58. 松戸
59. 越ヶ谷
60. 神ノ池
61. 香取
62. 銚子
63. 横芝
64. 八街
65. 下志津
66. 藤ヶ谷
67. 東金
68. 誉田
69. 木更津
70. 館山
71. 成増
72. 調布
73. 追浜（横須賀）
74. 厚木
75. 相模
76. 立川
77. 所沢
78. 福生
79. 狭山
80. 修武台
81. 高萩
82. 坂戸
83. 松山
84. 熊谷
85. 児玉
86. 前橋
87. 大島
88. 新島
89. 茂原
90. 甲府
91. 松本
92. 上田
93. 長野
94. 富山
95. 富士
96. 藤枝④
97. 大井
98. 天竜
99. 三方原
100. 浜松
101. 老津
102. 豊橋
103. 本地原
104. 小牧
105. 各務原
106. 清州
107. 三国
108. 小松
109. 金沢
110. 八日市
111. 鈴鹿
112. 明野
113. 白子
114. 北伊勢
115. 大和
116. 天理
117. 佐野
118. 大正
119. 大津
120. 京都
121. 伊丹
122. 舞鶴
123. 由良
124. 加古川
125. 徳島
126. 高松
127. 詫間
128. 松山
129. 岡山
130. 米子
131. 美保
132. 呉
133. 広島
134. 岩国
135. 防府
136. 小月
137. 宇佐
138. 芦屋
139. 大分
140. 佐伯
141. 富高
142. 唐瀬原
143. 新田原
144. 木脇
145. 都城東
146. 都城西
147. 串良
148. 鹿屋
149. 指宿
150. 上別府
151. 万世
152. 知覧
153. 出水
154. 人吉
155. 八代
156. 隅之庄
157. 熊本
158. 黒石原
159. 菊池
160. 高瀬
161. 築後
162. 目達原
163. 大刀洗
164. 福岡
165. 雁巣
166. 諫早
167. 笠ノ原
168. 佐世保
169. 笠ノ原
170. 国分

157

158

159

160

九三式陸中練　霞ヶ浦海軍航空隊　昭和 18 年　茨城県／霞ヶ浦
Type 93 Intermediate Trainer, Kasumigaura Kokutai, 1943, Kasumigaura, Ibaragi Prefecture
全面黄橙色、各日の丸は白フチ付き、主翼下面、胴体、尾翼の機番号は黒。

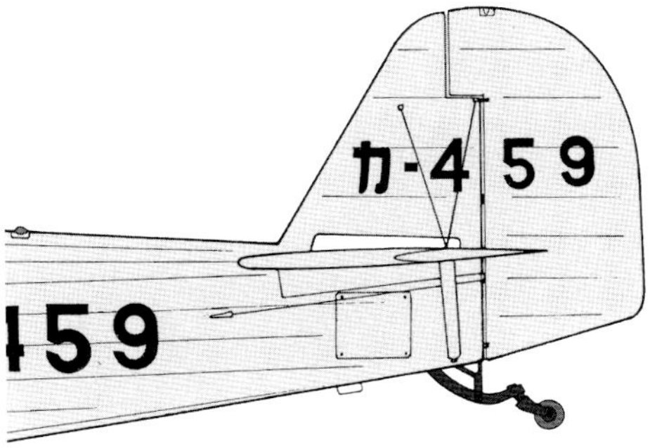

161

Photo 157: Type 93 Intermediate Trainers (Yokosuka K5Y) of the Kasumigaura Kokutai, another training unit located adjacent to Tsuchiura, lined up on the facility's huge apron.

Photo 158-159: Students lined up neatly to form three sides of a square as they listen to instructions prior to training activities.

Photo 160: Close-ups of the starter truck hooking up to start one of the Type 93 trainer's engines at Kasumigaura.

Photo 161: The more traditional method of starting a Navy trainer's engine. A ground instructor and a trainee cooperate to turn the engine's inertial starter crank.

写真157
　内地の海軍航空隊といえば、まず真っ先に思い浮かべられるのが海軍練習航空隊の、いわば象徴的存在といってもよい茨城県の土浦航空隊における飛行予科練習生、通称「予科練」であろう。搭乗員にしろ、地上整備員にしろ、誰もがこの練習航空隊に入隊し、それぞれの技量を、みっちりと叩き込まれて実戦部隊へと巣立っていったのだ。写真は土浦航空隊に隣接した霞ヶ浦航空隊の広大なエプロンに並んだ九三式陸上中間練習機。土浦航空隊の予科練教育は航空隊員としての基礎教育だけで、飛行訓練は霞ヶ浦航空隊の担当で行われた。

写真158・159
　飛行訓練にかかる前に、エプロンに「コ」の字形に整列し、教官の訓示を聞く練習生。写真159は隣接する霞ヶ浦航空隊における飛行訓練過程に進んだ兵学校出身の飛行学生たちで、訓練にかかる前に、教官から訓示を受け、敬礼している風景。

写真160
　霞ヶ浦空の九三式中練が、始動車の回転軸の先端をプロペラ中心のフックに引っ掛けて発動機を始動する模様。機体、および始動車の前部ディテールが鮮明に捉えられている。陸軍機と異なり、艦上機を中心に発達した海軍機は、原則的に発動機の始動法は、慣性始動器を使った手動（クランクを廻す）だったが、練習機ということもあって、九三式中練は始動車による方法も併用した。

写真161
　海軍機本来の手動始動法。すでに練習生と教員が搭乗した機体の、右下翼上に１人の地上員が乗り、これに右車輪に左足を掛けた順番待ちの練習生１人が手伝って、慣性始動器のクランク棒を廻そうとしているところである。

162

163

164

165

166

Photo 162: All smiles, this trainee appears to be preparing to board the trainer's rear seat, which is normally where the instructor sits.

Photo 163: Class appears to be in session in this photo of a K5Y with the student and instructor aboard.

Photo 164: A Type 2 Training Fighter, a two-seat conversion of the Type 95 Carrier Fighter (Claude).

Photo 165: "Shiragiku," a training aircraft with multiple seats for training air crew of multi-crew aircraft.

Photo 166: A Type 2 Intermediate Trainer (Kyushu K10W "Oak", a derivative of the North American NA-16) just before landing following a training flight. The two boards in the foreground are most likely there to simulate a carrier approach. An instructor looks on.

Photos 167: A training squadron doesn't just train pilots, but maintenance personnel as well.

167

写真162
　訓練を終えたあとか、それともこれから出発するのか、発動機が廻ったままの九三式中練の後席に、笑顔で立つ練習生。通常は前席に練習生、後席に教員が座る。飛行帽が、ちょっと変わったタイプだ。

写真163
　練習生、教員が搭乗した九三式中練を、後方より見る。以外に複雑なディテールをしている上翼中央部と、シリンダーのすき間から前方が視認できることなどが知れる。方向舵上端の丸い突起は尾灯。

写真164
　零戦の本格的な配備に合わせ、戦闘機搭乗員の実用機教育を円滑に行うために計画されたのが、九六式艦戦を複座に改造した二式練習用戦闘機。しかし、実際には通常の九六式艦戦でも充分間に合ったため、わずか20機造られたのみに終わった。写真は、その数少ない本機の訓練風景を示すもので、左手前機は順番待ちの練習生２人により、慣性始動器による手動で、発動機を始動するところ。

写真165
　戦闘機以外の機種、とくに多座機の乗員の訓練に使われた機上作業練習機『白菊』。いま、地上員の掲げた２つの旗を合図に、訓練に出発するところである。上、下方向に深い胴体内には、操縦士を含めて５名を収容でき、爆撃、航法、射撃など、一通りの訓練ができた。

写真166
　訓練を終え、霞ヶ浦基地に着陸せんとする二式陸上中間練習機。手前に立つ２つの目印板からみて、航空母艦に着艦するのを想定しているようだ。左端で見守るのは教員かもしれない。二式中練は、実用機の性能向上に合わせ、九三式中練の後継機として開発されたが、わずか159機しか生産されなかった。

写真167
　練習航空隊といっても、飛行訓練だけではなく、地上整備員の実習も行われていた。写真では３機の零戦二一型に多数の実習生が群がっている。数名ずつのグループに分かれ、発動機整備の実習を受けているようだ。右手前は九六式艦戦。写真左上に主翼だけ写っているのは九九式艦爆。当時の公表写真のため、主翼20㎜機銃口などが、防諜上の配慮で消去されている。撮影時期は昭和17（1942）年秋ごろ、場所は追浜、もしくは岩国基地あたりらしい。

168

169

Photo 168: Two scenes of maintenance training on a Zero Model 21.
Photo 169: Training in the replacement of the propeller and other engine work on a Zero Model 32 or 22.
Photo 170: More maintenance training at Kasumigaura. A Zero Model 21 is in the foreground, with a Type 96 Claudes in the background.
Photo 171: As ground crew watch, Ka-103 gets ready to takeoff on a training flight. Note the binoculars over the shoulder of the central ground crewman, presumably for use in checking for traffic and identifying aircraft.

170

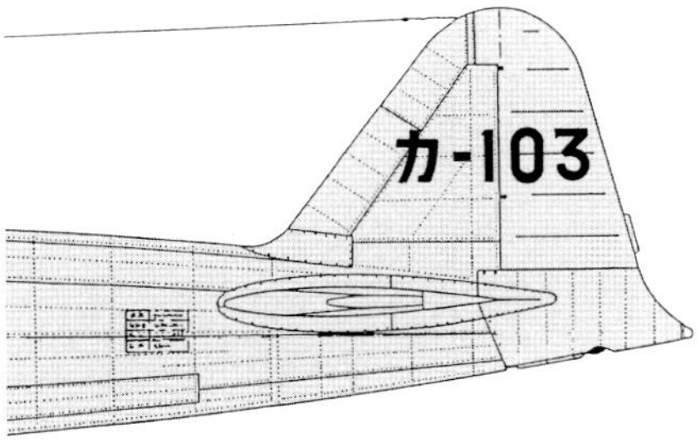

零戦二一型　霞ヶ浦海軍航空隊　昭和 18 年末
茨城県／霞ヶ浦
Type 0 Model 21 Carrier Fighter, Kasumigaura Kokutai, Late 1942, Kasumigaura, Ibaragi Prefecture
全面“飴色”（灰緑褐色）、カウリングの黒塗装は上面のみ、主翼前縁の味方機識別帯は赤、尾翼機番号は黒。

171

写真168
　零戦二一型の整備実習風景。やはり整備員の訓練部隊におけるもので、この零戦も実戦部隊から還納された中古機らしく、写真の右主翼上の１人の右足下に見える操縦室内換気／冷房用空気取入口が、初期生産機を示す楕円形である。手前の２人がプロペラに手を掛けて廻していることからも察せられるように、機首上部に備えた7.7mm機銃とプロペラの同調発射装置を点検中であり、写真左下の黒板に、その旨、記入されている。左上に立つ白帽を被った人物が教員。

写真169
　零戦三二型または二二型の、プロペラ換装も含む、発動機点検・整備の模様。格納庫の梁に備え付けられたチェーンで、プロペラを吊り上げて装着するところ。プロペラに接触するところは、チェーンではなくロープを用いているのが分かる。このプロペラは重さが145kgもあり、人力での着脱は到底不可能である。黒く塗られた『栄』二一型発動機、機体表面と同じ「飴色」に塗られた主脚収納部、車輪覆い内側など、得られる情報も多い。

写真170
　霞ヶ浦航空隊所属の零戦二一型（右手側）と九六式四号艦戦の整備風景。この零戦は、反射除け黒塗装をカウリング上面だけに施したことで知られる「カ - 103」号で、主翼前縁の味方機識別帯は黄ではなく赤であった。

写真171
　「カ - 101」号が、整備員に見送られて訓練飛行に出発する模様。当時、霞ヶ浦航空隊は陸上機288機を装備定数としていた。その大半は九三式中練であり、零戦、一式陸攻、九七式艦攻、九六式艦戦などは一定数ずつ、少数だけ保有していた。

172

173

174

九七式一号艦攻　霞ヶ浦海軍航空隊
昭和 17 年　茨城県／霞ヶ浦

Type 97 Mk I Carrier Attack Plane, Kasumigaura Kokutai, 1942, Kasumigaura, Ibaragi Prefecture

全面無塗装ジュラルミン地肌、尾翼は保安塗粧の赤、機番号は白、各日の丸は白フチなし。

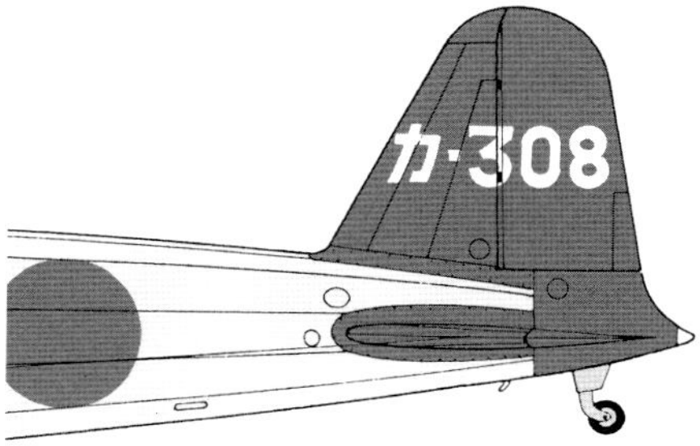

175

176

Photo 172: Three instructors look on during training in late 1941 or early 1942. Note the wood-burning stove for warmth.

Photos 173-174: A Type 97 Carrier Attack Plane (Kate) having its wings folded. Pilot trainees are also participating in the exercise.

Photo 175: "Ka-310," a Type 97 Training Attack Plane having its wings folded and being pushed by trainees and ground crew.

Photo 176: Pilot trainees wait patiently for their turn in the air at Yatabe air base in Ibaragi Prefecture near an apron full of Type 0 Training Fighters.

Photo 177: Type 0 Training Fighters on the apron at Tsukuba in Ibaragi Prefecture, 1944. Note the frontal silhouette of a twin-engined US aircraft painted actual size on the hangar door in the background to give trainees something to judge distances with.

177

写真172
昭和16（1941）年末～17（1942）年はじめ、霞ヶ浦基地における九七式一号練習用攻撃機の訓練風景。手前の椅子に座った３人の搭乗員は教官で、薪ストーブを置いて暖をとっている。練習機ということもあって、各機とも全面無塗装ジュラルミン地肌のままで、尾翼には赤色保安塗粧を残している。

写真173・174
撮影場所、時期が判然としないが、おそらく写真172と前後する時期の霞ヶ浦基地と思われる、九七式二号艦攻の主翼折りたたみ作業の模様。訓練なので整備員だけではなく、飛行練習生もいっしょである。アメリカ海軍機のように油圧で自動的に折りたたむ装置は日本海軍機になく、すべてがこのように人力頼りだった。写真174の左手前にいる整備員が手に掛けているのが、テコの役目をする折りたたみ槓桿。これを主翼下面に差し込んで上方に折り曲げる。

写真175
霞ヶ浦航空隊に配備された九七式一号練習用攻撃機「カ-310」号が、主翼を折りたたみ、整備員、練習生に手押しされて、待機位置に移動するところ。撮影時期は昭和17（1942）年４月ごろで､尾翼の赤色保安塗粧は落とされ、機番号が黒で記入し直されている。右主翼前縁近くに置いてある紐付きの木片が車輪止め。

写真176
太平洋戦争も敗色濃厚となった昭和20（1945）年春、茨城県谷田部基地の広々としたエプロンで、板張りの台座に腰掛け、思い思いに訓練の順番を待つ練習生。手前の練習生の救命胴衣に記入された「木田中尉」の名前からすると、彼らは兵学校出身の士官搭乗員の卵らしく、正しくは飛行学生と呼ぶべきかもしれない。ちなみに予科練出身の下士官搭乗員の卵は「飛行練習生」と呼称しており、厳然たる区別があった。彼らの向こう側に置かれた２台の自転車は、広大な飛行場を行き来するための必需品。

写真177
昭和19（1944）年、茨城県筑波基地のエプロンに駐機する零式練戦一一型群。右手前の機体は迷彩機だが、左主翼外側の塗料が広範囲に剥がされて、ジュラルミン地肌まで露出しているのが異様である。奥に見える大きな３棟の格納庫のうち、手前の棟の扉に米軍双発機の正面形（原寸大）が白ペンキで描いてあり、戦闘機搭乗員に対して空中戦の際の距離感を養うようにしてある。

178

179

180

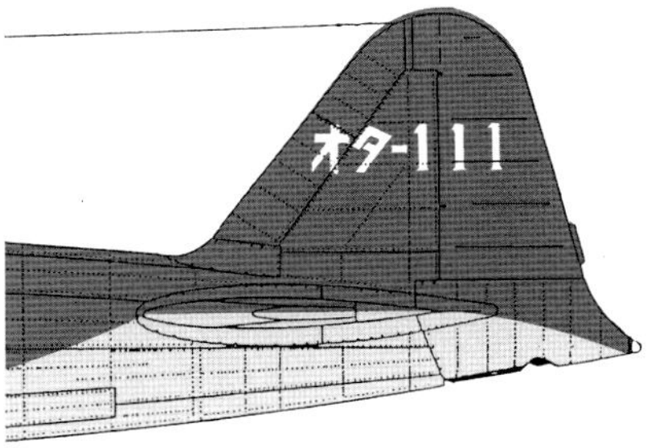

零戦二一型　大分海軍航空隊
昭和 19 年　大分県／大分
Type 0 Model 21 Carrier Fighter, Oita Kokutai, 1944, Oita, Oita Prefecture
上面濃緑黒色、下面灰色、主翼上面、胴体日の丸は白フチ付き、尾翼機番号は白、主翼下面のそれは黒。

Photo 178: Practical training for carrier-based fighter and attack plane crews. Maintenance on both types focussed on the engine. Note the wooden rack near the wing root in both photos which doubles as a ladder and a place for tools.

Photos 179-180: Two scenes of Zero Model 21s undergoing refueling.

Photo 181: Zero maintenance scenes at Oita air base. In the foreground of photo 181 is a toolbox with tools specifically for maintenance of the Sakae Model 21 engine. Dozens of different tools are packed into both sides of this uniquely-designed carrier. This particular box is for work on the external areas; another type for internal work was also made. Note the white "Sakae" logo on the side of the central portion of the toolbox.

181

写真178
昭和13（1938）年12月に開隊し、昭和15（1940）年11月から昭和19（1944）年３月までの間、艦戦および艦攻搭乗員の実用機教育を担当した大分県大分基地の、大分航空隊所属中島製零戦二一型の整備風景。大きな格納庫と整った器材、主要基地ならではの充実ぶりが分かる。発動機中心の整備で、手前に階段状になった木製架台兼足場を配置し、工具などを置いている。左車輪付近に置いてある一斗缶は、廃油受けと思われ、側面に記入された「二格」は、第二格納庫に備え付けのものという意味であろう。零戦の前部固定風防下の白い四角地に記入された「八七Ａ」は、使用燃料のグレード表示で、実戦部隊機の標準である91～92オクタン価のガソリンより少し低い、87オクタン価のガソリンを指定している。

写真179・180
大分基地にて整備、および燃料補給中の大分航空隊所属の零戦二一型群。車輪の付いた簡易燃料車から右主翼内タンクにホースの先が差し込まれている。タンク側面に記入された「九一揮発油」は、91オクタン価のガソリンを示しており、練習用零戦の標準である87オクタンよりも精練されたものを使っている。

写真181
大分基地における零戦の整備風景で、撮影時期は前の写真２枚と同じく昭和19（1944）年春ごろと思われるが、写真の機は五二型である。手前に置いてあるのが「栄」二一型発動機用の専用工具箱で、中央部と、左右に開いた扉の内側に、すき間なく、数十個の工具が収められている。もっとも写真のは外部用で、もうひとつ別に同じ数くらいの工具が入った内部用があった（Ｐ .96参照）。中央の収納部前面に記入された白円に「栄」のロゴが確認できる。無造作に置かれた車輪止めの形状が、左右で異なることに注目。この五二型の左後方に、制帽が並んで置かれているのは、この写真が報道用に撮られたための配慮らしい。

『榮』二〇型発動機分解・組立工具

中島飛行機株式会社多摩製作所作成の『榮発動機二〇型取扱説明書』(第１版)より転載

内部用工具箱外観 Internal tool box, closed view

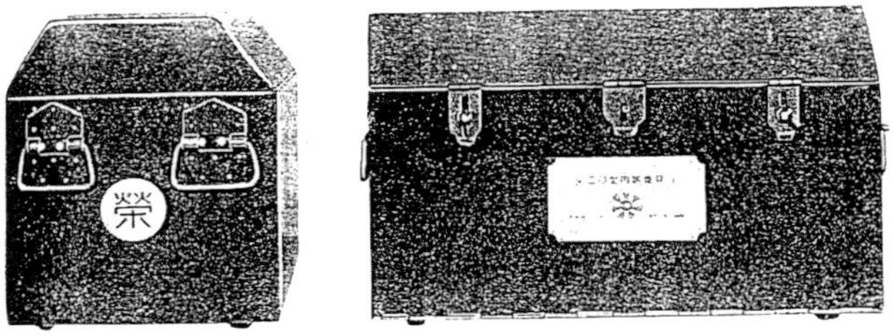

内部用工具箱展開状態
Internal tool box, opened

内部用工具 Internal tools

中央

上段

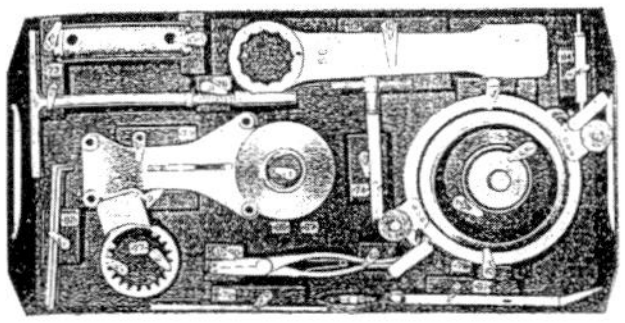

中段

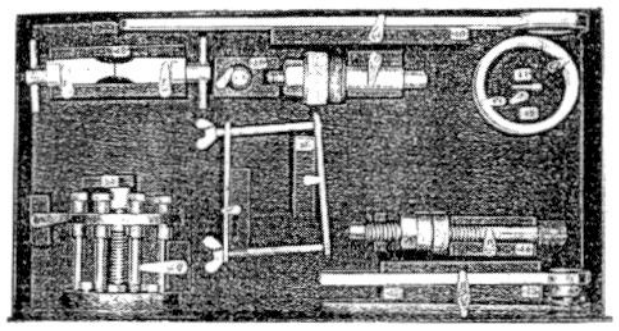

下段

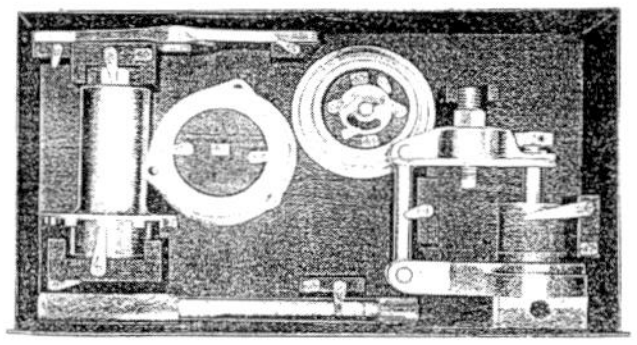

右

上段

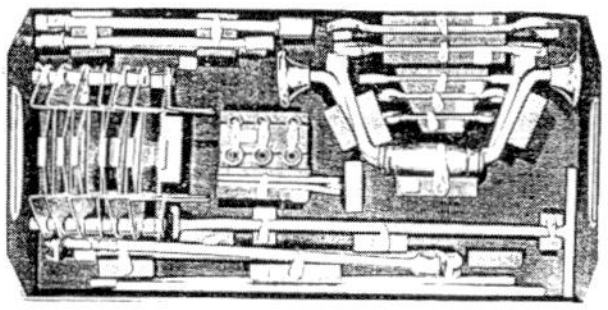

中段

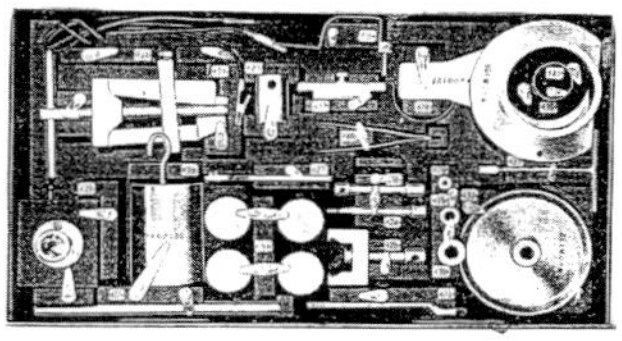

下段

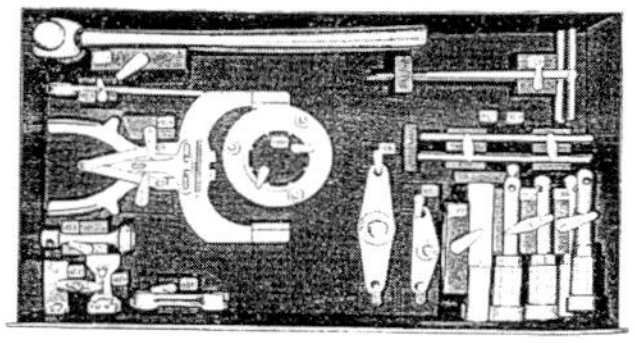

左

上段

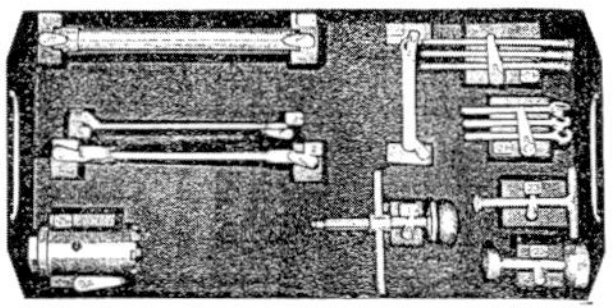

中段

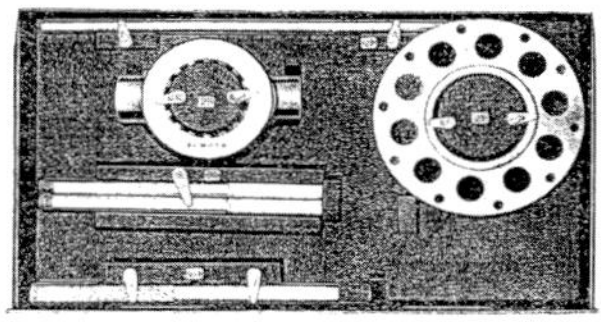

下段

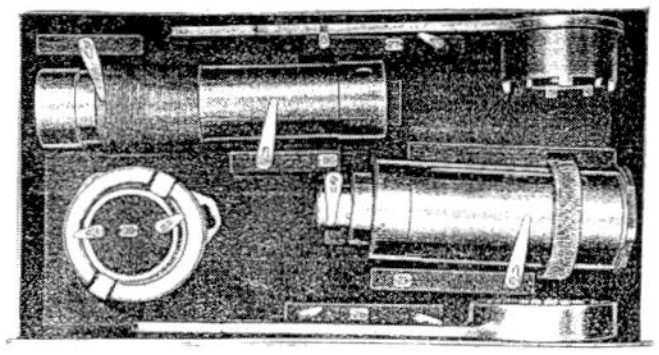

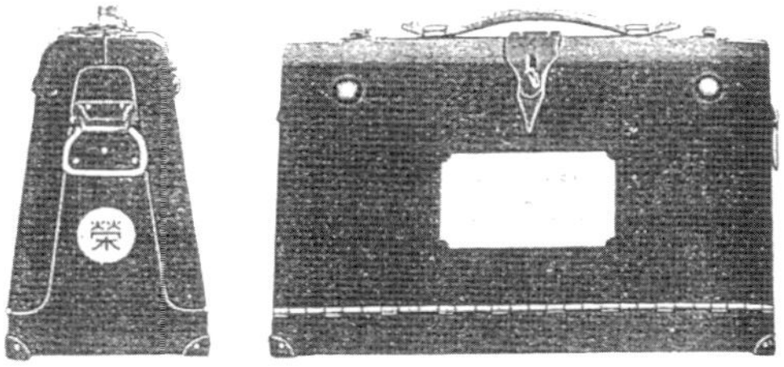

外部用工具箱外観
External tool ɔox, closed view

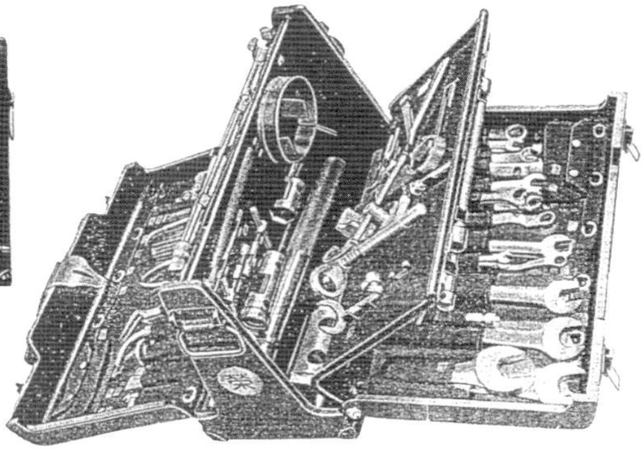

外部用工具箱展開状態
External tool box, opened

外部用工具 External tools

第一面

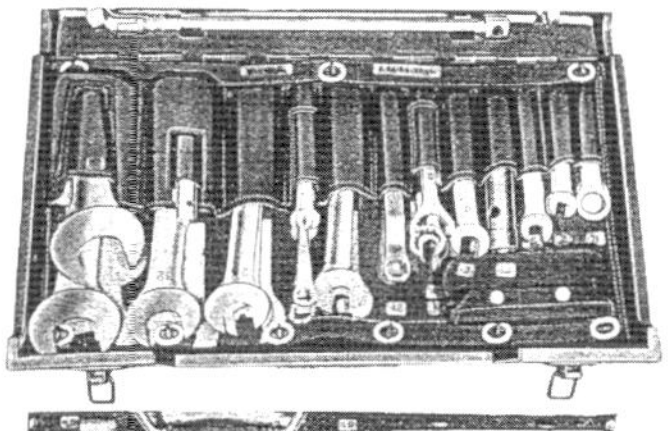

第二面

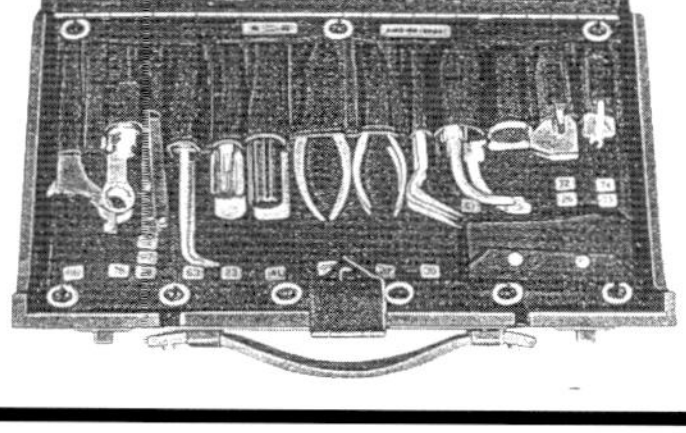

第三面

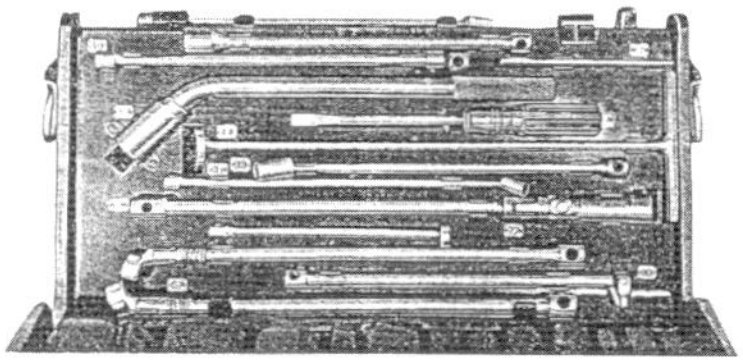

第三面

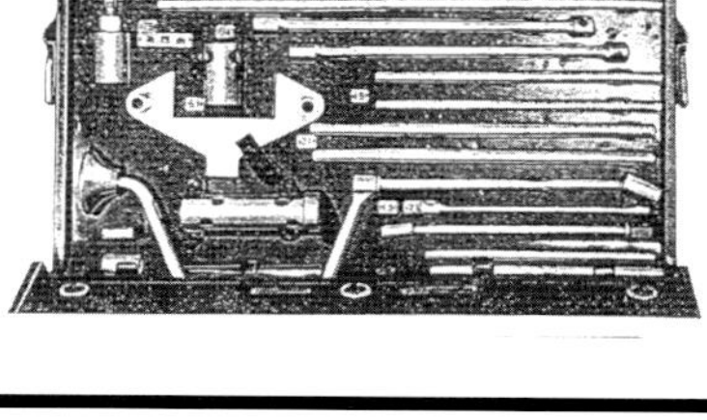

第五面

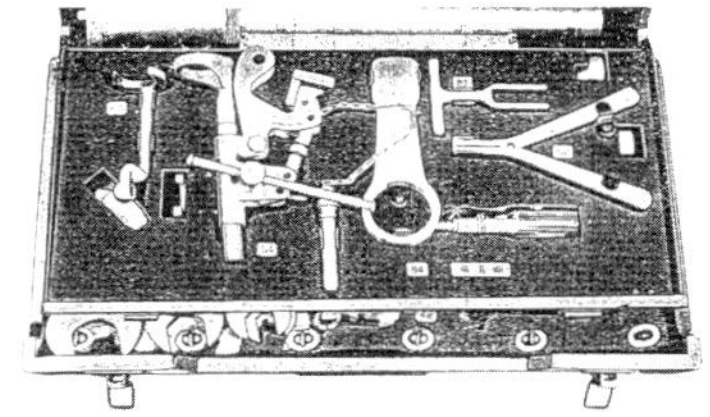

第六面

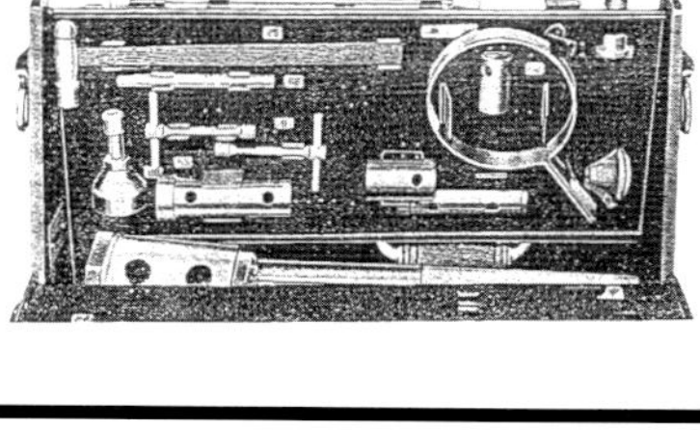

整備用機材イラスト集

イラスト・野原 茂
Illustrations by **Shigeru Nohara**

整備作業用足場(工具置台を兼ねる)バリエーション
Maintenance ladder/tool shelf variations

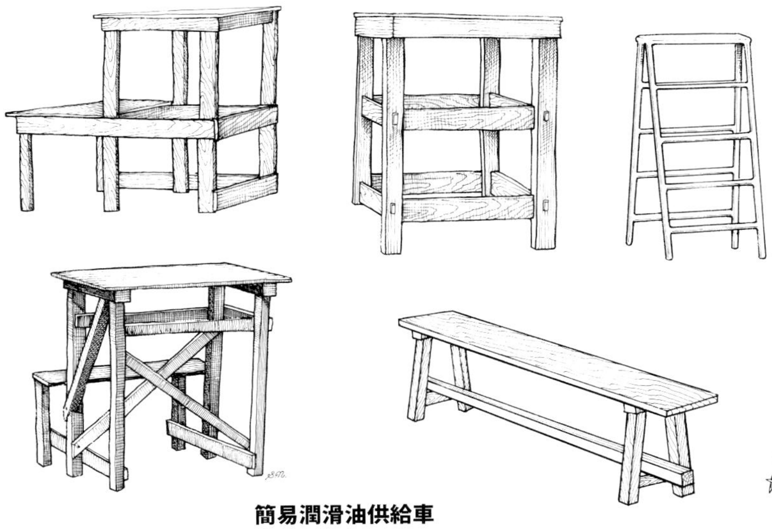

対空監視用広角双眼鏡
Aircraft surveillance wide-angle binoculars

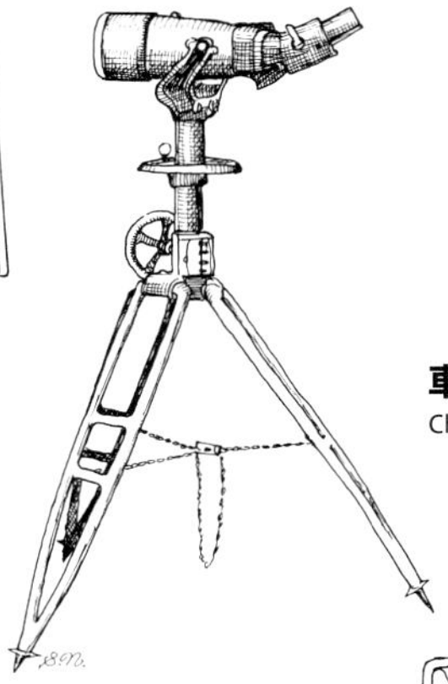

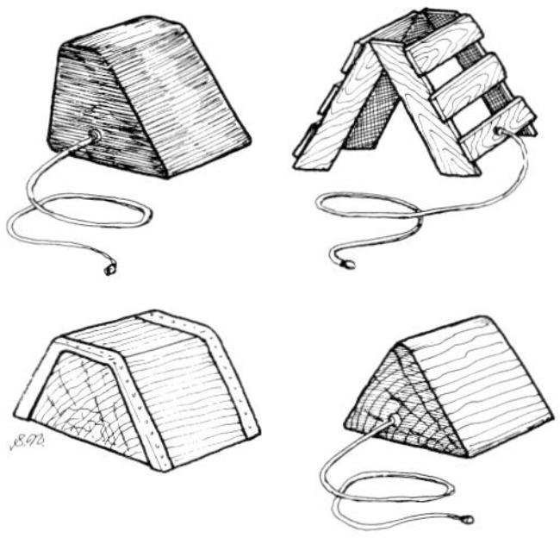

車輪止め(チョーク)バリエーション
Chock variations

簡易潤滑油供給車
Simple oil cart

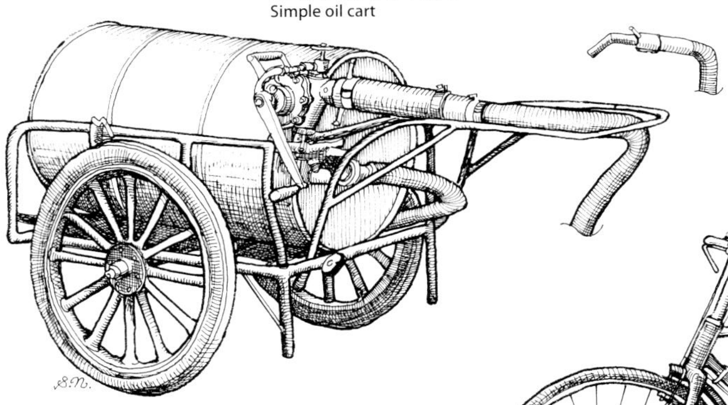

消火器
Fire extinguisher

飛行場内での移動に不可欠な自転車
Bicycle, essential equipment for getting around an airfield

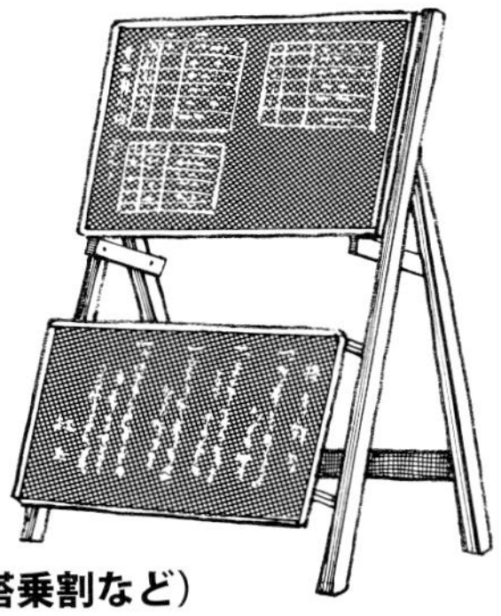

掲示用黒板(搭乗割など)
Blackboard (for mission assignment postings, etc.)

機体牽引トラクター(大型機用)
Towing tractor (for large aircraft)

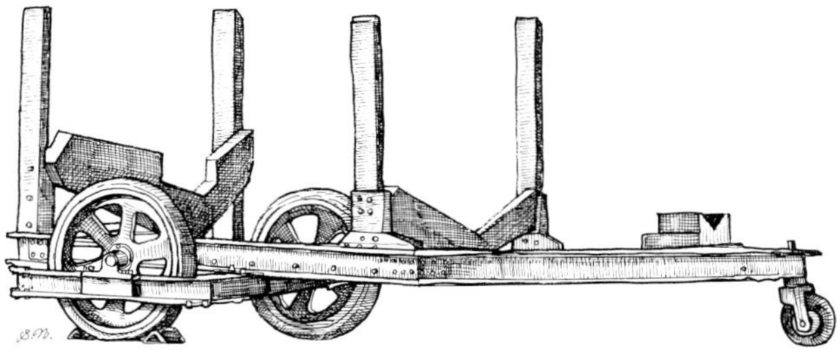

水上機用台車(単フロート機用)
Towing single-float sea plane cradle

182

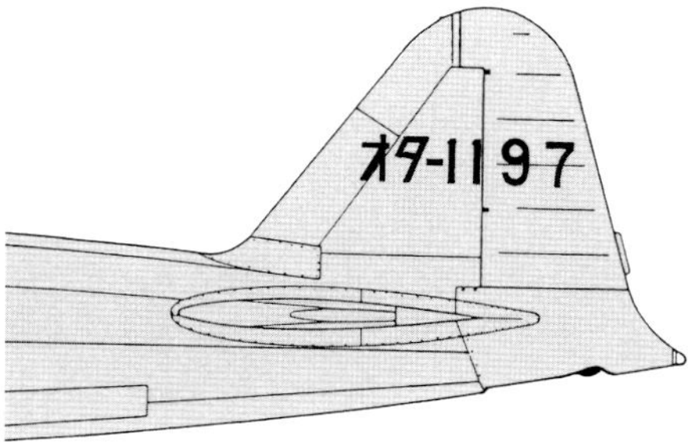

零戦三二型　大分海軍航空隊
昭和 19 年　大分県／大分
Type 0 Model 32 Carrier Fighter, Oita Kokutai, 1944, Oita, Oita Prefecture
全面“飴色”（灰緑褐色）、尾翼機番号は黒。

183

Photo 182: A Nakajima-built Zero Model 21 undergoing maintenance at Oita. The tail cone has been removed in order to install a towing rig. That's a fire extinguisher positioned in front of the right wing.
Photo 183: A Zero Model 52 getting its oil topped off in the spring of 1944, probably at Saipan.
Photo 184: A close-up view of an oil pump cart.
Photo 185: A Zero Model 52 of the 361st Kokutai at Kagoshima seen being refuled. The "akira" marking on the license plate of the tanker truck is the nickname of the 361st.

184

185

写真182
　大分航空隊所属の中島製零戦二一型の整備風景。中央の「オタ - 109」号機は、下面も濃緑黒色に塗り、なおかつ主脚収納部周囲は黒色という塗装を施している。意図は不明だが、何か特別な訓練を行うときのためではないかと思われる。胴体尾端覆は、標的曳航金具を取り付けるために取り外してある。右主翼の前に置いてあるのは消火器。

写真183
　昭和19（1944）年春、マリアナ諸島のサイパン島と思われる基地で、潤滑油を補給されようとする零戦五二型。燃料補給する零戦の写真は、けっこうよくあるが、潤滑油を補給する作業を写したものはめずらしい。

写真184
　写真183と同じ潤滑油供給車の詳細写真。手回しポンプ用ハンドルの付いたホース付け根は、ドラム缶と切り離してある。手前左に見えるのホース先端は金属管になっており、屈折した部分を注入口に挿入する。写真左の手回しポンプは三脚に固定されているが、別タイプの補給車用と思われる。

写真185
　第261航空隊が、昭和19（1944）年２月にマリアナ諸島に進出した後、鹿児島基地で新たに編成された零戦隊、第361航空隊の五二型への燃料補給風景。写真左の燃料車のナンバープレートに記入された「晃」は、第361航空隊の通称名である。左主脚覆い下部の排気ガスによる汚れに注目。しかし、第361航空隊は機材、搭乗員の配置が進まず、7月10日付けで解隊、わずか４か月の短命に終わった。

186

187

零戦五二型　第 381 海軍航空隊　昭和 19 年 3 月
愛知県／豊橋

Type 0 Model 52 Carrier Fighter, 381st Kokutai, March 1944, Toyohashi, Aichi Prefecture

上面濃緑黒色、下面灰色、主翼上面、胴体の日の丸は白フチ付き、尾翼機番号は白。

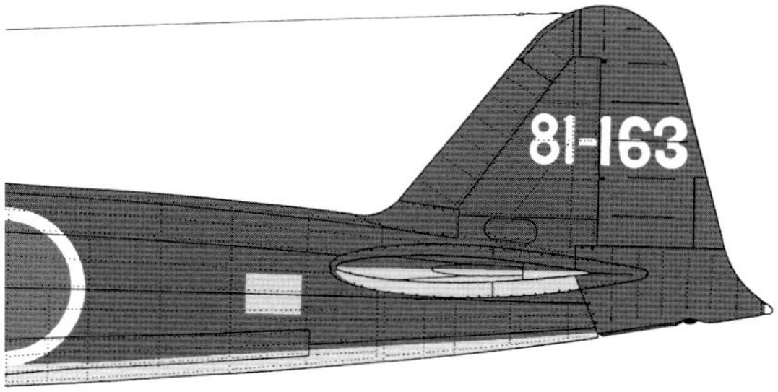

188

189

190

191

Photo 186: In April of 1945, the "Showa Force" -- a kamikaze "special attack" unit -- was formed from the men and machines of the Yatabe Kokutai. These photos show the planes (Zero Model 52-hei) preparing to leave Yatabe for Kanoya air base in Kagoshima, the launching point for their final attacks.

Photo 187: The pilot of a Model 52-hei Zero changes places with the ground crewman who has started the plane and warmed up the engine prior to a mission.

Photo 188: Before a brand-new Zero Model 52 just delivered from Mitsubishi, the plane's pilot is saluted by the men of the 381st Kokutai before he begins a long ferry flight to Balikpapan on Borneo. In the Zero 52, the radio equipment was upgraded from the Type 96 Mk.I to the Type 3 Mk.I, and along with this change the pilot's headgear was also upgraded to the Type 3 flight helmet, with rounded speaker units over the left and right ears.

Photo 189: A Model 52 Zero leaving Toyohashi air base in Aichi Prefecture for Borneo.

Photo 190: A Zero Model 52-hei prepares to launch. The "hinomaru" national insignia on the pilot's sleeve and helmet were to make it easy for civilians to identify him as one of their countrymen if he was shot down over Japan. Photo probably taken February 1945 or later.

Photo 191: A close-up of the cockpit area of a Zero Model 52-hei preparing to takeoff.

写真186
昭和20（1945）年４月、沖縄戦に投入されるべく、谷田部航空隊の機材、人員をもって編成された神風特別攻撃隊『昭和隊』の零戦五二丙型が、最終出撃地の鹿児島県鹿屋基地に向けて発進するところ。13mm、20mm機銃身の先端が白い布で覆われている。特攻に使われた零戦は、沖縄戦が始まるまでは、すべて二五番（250kg）しか使わなかったが、沖縄戦から五二型に限って五〇番（500kg）を使用した。

写真187
発動機の暖気運転も完了し、地上員と入れ替わって操縦席に入ろうとする零戦五二丙型の搭乗員。プロペラ後流を受けて、シワの目立つ地上員の服、アップで写った13mm機銃の銃身など出撃の雰囲気が感じ取れる一葉である。

写真188
三菱工場から受領したばかりの新品の零戦五二型の前で、遠路ボルネオ島のバリクパパンに向けて発進するべく、隊長（右）と敬礼を交わす第381航空隊の搭乗員。零戦は五二型になって無線機が従来の九六式空一号から新型の三式空一号に更新されており、これに合わせて、各搭乗員が着用している飛行帽も、左右の耳の部分にある受聴器が丸く膨らんだ新型の三式飛行帽に変わった。

写真189
写真188に続く風景で、愛知県の豊橋基地からボルネオ島に向けて発進する第381航空隊の零戦五二型。手前の２人は、残置隊員であろうか、恒例の「帽振れ」で見送っている。昭和19（1944）年３月の撮影で、これらの零戦は、その後バリクパパンの油田防空などに奮闘する。

写真190
「敵機来襲」の報を受け、迎撃出動する内地展開実施部隊の零戦五二丙型。飛行帽の耳部と飛行服の右袖に縫い付けられた日の丸標識は、対民間人用の味方識別標識（不時着時にアメリカ機乗員と誤認されないため）で、昭和20（1945）年２月以降に規定された措置。搭乗員は座席を最高位置にあげて、前方視界を広くとっている。背後のロールバーに付く防弾ガラスを取り去っていることに注目。

写真191
出動する零戦五二丙型の操縦席付近のクローズアップ。風防正面内側の防弾ガラス、九八式射爆照準器などがよく分かる。搭乗員は、すでに酸素マスクを着用しているが、通常は高度5,500m以上に達したときに用いる。本機も搭乗員の背後の防弾ガラスは取り外している。

192

Photo 192: Zero Model 52s of the 653rd Kokutai being prepared for their final battles against the Allies.

Photos 193-194: Ground crewmen carrying 150-liter standard-model drop tanks prior to mounting them on the aircraft. A ground crewman works to secure a 150-liter standard-model drop tank to the underside of the wing of a Zero Model 52-otsu. Photo date, location and unit unknown.

零戦五二型　第 653 海軍航空隊
昭和 19 年 9 月　大分県／大分

Type 0 Model 52 Carrier Fighter, 653rd Kokutai, September 1944, Oita, Oita Prefecture

上面濃緑黒色、下面灰色、各日の丸は白フチなし、尾翼機番号は黄。

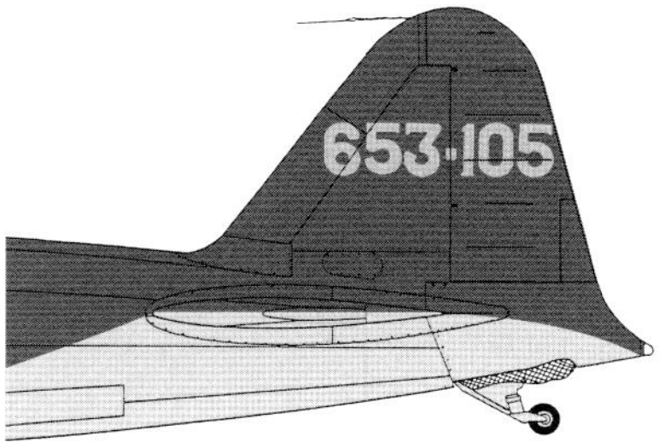

193

194

195

196

197

Photo 195: Pumping fuel into the wing-mounted drop tank of a Zero model 52.

Photo 196: Another photo from the same location as photo 192. Eight men push a Zero which apparently requires maintenance.

Photo 197-198: Zero Model 52s of the Genzan Kokutai prepare to depart for Kyushu from the Wonsan air base in Korea, early April 1945.

198

写真192
伝統ある日本海軍艦隊航空隊にとって最後の決戦となった「捷一号」作戦を控え、大分県大分基地で錬成に励んでいる第653航空隊所属の零戦五二型群。手前列は中島製、2、3列目は三菱製と、はっきりと区別して並べられている。これは同じ零戦でも、ライセンス生産の中島製は、量産効率向上のため、内部艤装など少なからぬ設計変更を行っており、整備の際は、それなりに区別して対応しなければならなかったからである。

写真193・194
零戦五二乙型の列線の間を200リットル入り統一型落下増槽を肩に担いだ地上員が、それぞれ所定の機体のそばに2個ずつ置き、翼下に懸吊する模様。写真193の右に写る各機は、スピナーが濃緑黒色、またはこげ茶色の機と、無塗装機が混在している。五二型初期の生産機を別にすれば、無塗装機例は中島機に多かった。

写真195
写真193、194と同じときに撮影された一連の公表写真。これは左主翼下面に懸吊した150リットル入り統一型落下増槽へ燃料を補給するところ。増槽の燃料注入口は前方上面にあることがわかる。

写真196
写真192と同じ場所で、時間的に前後して撮影した写真の1枚。写真上方の2列に並んだ三菱製零戦五二型も、写真192と同じである。手前は整備の必要な機体のようで、方向舵、胴体尾部カバーが外され、左、右水平尾翼前縁に手をかけた地上員8名により、所定の場所に押していくところ。公表写真のため、垂直尾翼の機番号が消去されているが、第653航空隊所属機である。

写真 197・198
昭和 20（1945）年4月上旬、沖縄に突入する神風特攻隊『七生隊』とともに、朝鮮半島北東岸の元山基地より、九州に向けて発進する直前の、元山航空隊所属の零戦五二型群。ただし、これらの各機は特攻用に使われるのではなく、特攻機掩護、九州地区の防空などに振り向けられる機である。大部分が五二丙型であるが、写真 197 の手前から2、3機目は五二甲、または乙型のようだ。写真 198 は、ちょうど発動機の暖気運転が終わりかけたところ。

199

200

零戦二一型　元山海軍航空隊（二代）
昭和 20 年 4 月　朝鮮／元山
Type 0 Model 21 Carrier Fighter, (2nd) Genzan Kokutai, April 1945, Wonsan, Korea
上面濃緑黒色、下面灰色、主翼上面、胴体日の丸は白フチ付き、尾翼機番号は黄、その上方の帯は白。

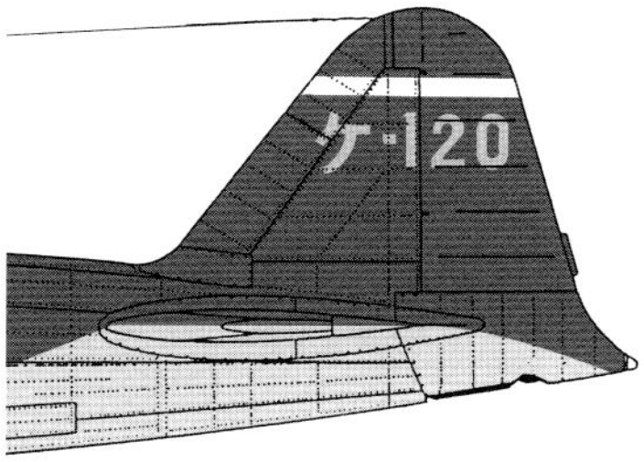

『紫電』一一乙型　元山海軍航空隊（二代）
昭和 20 年 4 月　朝鮮／元山
Shiden Model 11 Otsu, (2nd) Genzan Kokutai, April 1945, Wonsan, Korea
上面濃緑黒色、下面灰色、胴体日の丸のみ白フチ付き、尾翼機番号は黄。

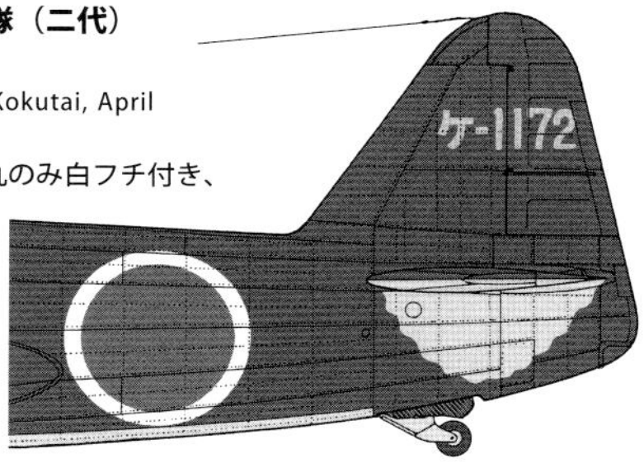

201

Photos 199-200: Zero Model 11 and 21s also of the Genzan Kokutai seen at Wonsan. These planes will form the "Shichisho" Kamikaze special attack force. The members were chosen from Genzan personnel who were learning basic flying skills.

Photo 201: Scenes of Shiden Model 11-Otsu aircraft with Genzan just before being moved from Wonsan to Kyushu.

Photo 202: Pilots of the newly-formed 352nd Kokutai study a route map in front of a Raiden Model 21 (Jack). The unit was responsible for the defense of the Nagasaki, Omura and Sasebo areas of Kyushu.

Photo 203: A Suisei Model 11 (Judy) undergoing maintenance between training flights on the apron at Kisarazu air base in Chiba Prefecture in January, 1944.

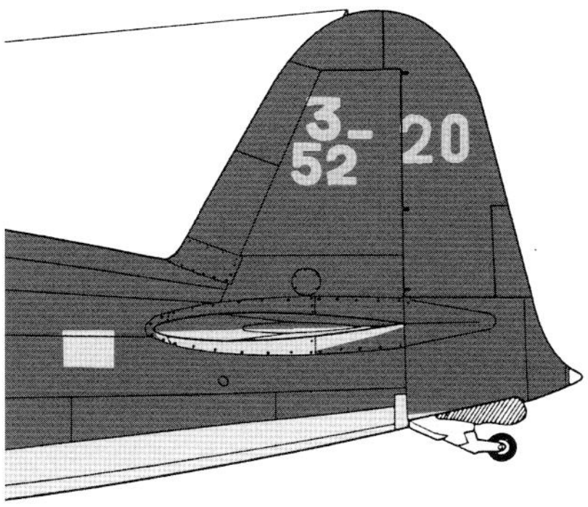

『雷電』二一型　第 352 海軍航空隊
青木義博中尉乗機　昭和 20 年 3 月
長崎県／大村

Raiden Model 21, 352nd Kokutai, Flown by Lt. Yoshihiro Aoki, March 1945, Omura, Nagasaki Prefecture

上面濃緑黒色、下面灰色、主翼上面、胴体日の丸は白フチ付き、操縦室横の電光マークは赤い影付きの黄、尾翼黄番号は黄。

202

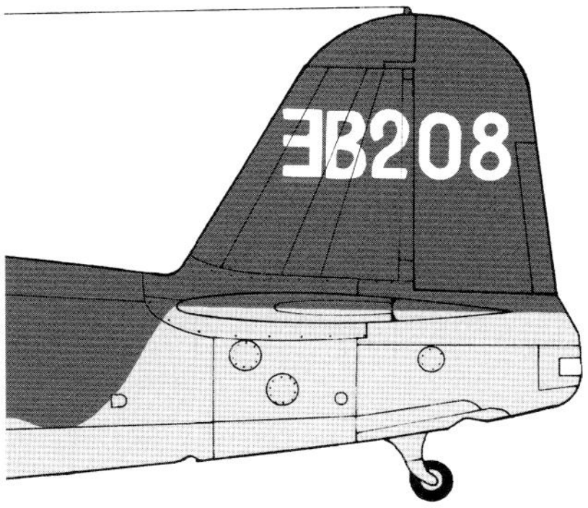

『彗星』一一型　第 503 海軍航空隊
昭和 19 年 1 月　千葉県／木更津

Suisei Model 11, 503rd Kokutai, January 1944, Kisarazu, Chiba Prefecture

上面濃緑黒色、下面灰色、各日の丸はすべて白フチ付き、尾翼機番号は白、その“ヨ”の下方の細い線は黄。

203

写真 199・200

写真 197、198 と同じ日、元山基地に並んで発進を待つ元山航空隊の零式練戦一一型、および零戦二一型群。これらが神風特別攻撃隊『七生隊』の使用機で、人員も元山航空隊の実用機教程を修得中の隊員から抽出した。九州の鹿屋基地までは長距離飛行となるため、ほとんど落下増槽を使うことのない零式練戦も、使い古しをかき集めて付けている。練戦は、いずれもアンテナ支柱を取り払っていることに注意。写真 200 に写る「ケ - 428」号の手前を、地上員が肩に担いでいるのは、二五番（250 kg）爆弾懸吊用の特設爆弾架。なお、『七生隊』は第一から第八まで計 46 機が、４月６日～5 月 14 日にかけて沖縄に突入した。

写真 201

写真 199、200 の零戦群と同じ日に、元山基地から九州に向けて移動する直前の元山航空隊所属の『紫電』一一乙型。発動機の暖気運転も終わりかけ、そばに立つ地上員は、車輪止めを外す合図が出るのを待っている。本機の『誉』発動機は、非常に高い工作精度を必要としたが、この時期の日本ではうまく量産できず、常に不調で故障の起こりやすい発動機となり、地上員は大変な苦労をして整備していた。

写真 202

九州の長崎、大村、佐世保地区の海軍要地を防空するために編成された、第 352 航空隊所属『雷電』二一型の手前で、航空地図を拡げて飛行コースの確認を行う搭乗員。左から２人目が、その乙戦（局地戦闘機のこと）隊を率いた分隊長の青木義博中尉で、背後の機は彼の愛機である。操縦室横の２本の電光マーク（黄）は有名。当時、坊主頭（丸刈り）が普通だった海軍兵士にしては、彼ら４人がみな長髪という点が興味深い。

写真 203

昭和 19（1944）年 1 月、真冬の寒風が吹き抜ける千葉県木更津基地のエプロンで、訓練飛行の合間に整備を受ける第 503 航空隊の艦爆『彗星』一一型。各整備員も、作業衣の下にセーターなどを着込んで、着膨れしている。前部風防下に記入された、３本の細い線は、急降下爆撃時に機体角度を確認する目安用。後席から下に垂れ下がっているのは伝声管。黒っぽい作業衣の整備員が囲んでいるのは酸素補給用ボンベかもしれない。

204

『流星改』 第 752 海軍航空隊第 5 飛行隊
昭和 20 年 5 月　千葉県／香取

Ryusei-kai, 752nd Kokutai/5th Hikotai, May 1945, Katori, Chiba Prefecture

上面濃緑黒色、下面無塗装ジュラルミン地肌、各日の丸はすべて白フチなし、主脚カバーの“24”は赤、尾翼の機番号は黄。

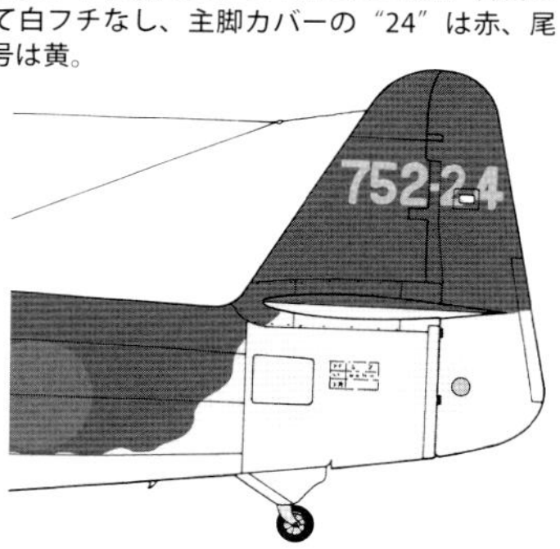

205

206

207

208

209

写真204
　昭和20（1945）年４月、雨上がりの千葉県香取基地から発進する直前の、第752航空隊攻撃第５飛行隊の艦攻『流星改』。日本海軍最後の艦攻となった本機を、飛行隊規模で装備し、なおかつ実戦に投入し得たのは、攻撃第５飛行隊のみであった。そばに立つ整備員と比較すれば、本機がきわめて大型の艦上機だったことがわかる。

写真205
　神奈川県の横須賀基地から発進する、横須賀航空隊所属の『流星改』。尾翼記号は「ヨ - 251」。胴体下面に重量800kgの九一式（改二？）航空魚雷を懸吊し、投下テストに向かうときのもの。この九一式航空魚雷の懸吊作業には多数の人数を必要とした。

写真206
　整備員、および基地所在の地上員総出の見送りを受けて、宮城県の松島基地から台湾に向けて発進する松島航空隊所属の九六式陸攻二三型。操縦室の副操縦士に加え、胴体上方前部銃座からも乗員が天蓋を開けて、前方の進路確認を行っている。暑さも盛りの昭和19（1944）年８月６日の撮影。

写真207
　昭和19（1944）年夏、訓練のために九州の基地から発進する第653航空隊の『天山』一二型。手前では地上員が一列に並び、「帽振れ」をもって盛大に見送っている。これらの『天山』隊も「捷一号」作戦に出動し、航空母艦『瑞鶴』以下４隻の母艦ともどもフィリピン沖に散った。

写真208
　昭和19（1944）年夏に撮影された『天山』一二型の訓練風景。場所は九州の宇佐、もしくは大分基地と思われ、第752航空隊攻撃第254飛行隊所属機である。地上員の位置からみて、手前機は訓練からもどったところのようで、中央の偵察員が席から立ち上がっている。胴体下面の爆弾架は、六番（60kg）用（３つの懸吊架に各２発ずつ、計６発懸吊可能）。この時期の攻撃第254飛行隊に共通の、胴体日の丸内に記入された機番号の一部（03？）が確認できる。

写真209
　『天山』一二型の操縦席付近。上端が角張った断面の前部固定風防の上面は、内側に見えるヒンジで分かるように、離着艦（陸）時には上方に開き、機首が太い本機の前下方視界を確保するために、座席をいっぱいに上げたときの操縦士の風除けとした。写真左端の円環は、照準器の照門、操縦士の左耳部から伸びる管は、後席員との連絡用伝声管である。操縦士の背後は、ガラス窓で仕切られている。

210

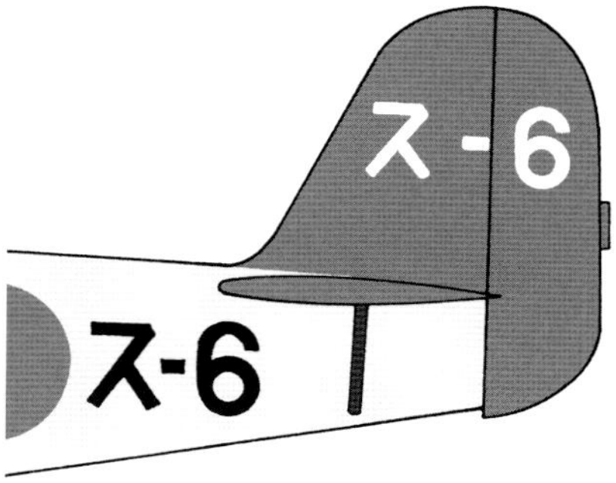

九六式小型水上機　伊号第 6 潜水艦搭載機
昭和 12 年頃　広島県／呉

Type 96 Small Seaplane, I-Go Submarine "6i-6," 1937, Kure, Hiroshima Prefecture

全面銀色、各日の丸はすべて白フチなし、フロートの警戒帯、尾翼の保安塗粧は赤、胴体後部の機番号は黒、尾翼のそれは白。

211

212

零式小型水上機　第６艦隊附属飛行機隊
昭和 19 年　広島県／呉

Type 0 Small Seaplane, 6th Fleet Hikotai, 1944, Kure, Hiroshima Prefecture

上面濃緑黒色、下面灰色、主翼上面、胴体日の丸は白フチ付き、胴体の機番号は白、尾翼のそれは白フチどりの青。

213

214

Photo 204: A Ryusei-kai (Aichi B7A "Grace") seen just before departing Katori air base in Chiba prefecture, April 1945.

Photo 205: A Ryusei-kai mounting an 800kg Type 91 aerial torpedo prior to a deployment test.

Photo 206: A Type 96 Land Bomber Model 33-kai gets the usual boisterous sendoff. Note how both the observer in the cockpit and the fuselage gunner have climbed into positions to allow them to check to make sure the road ahead is clear for the plane.

Photo 207: Another Tenzan Model 12, this one of the 653rd Kokutai, leaves a base in Kyushu on a training mission in the summer of 1945.

Photo 208: A Tenzan Model 12 photographed during training in the summer of 1945.

Photo 209: A close-up of the cockpit area of a Tenzan Model 12 (Nakajima B6N "Jill") during training.

Photo 210-211: A Type 96 Small Reconnaissance Seaplane "Su-6" revs its engine on the apron at Kure in Hiroshima Prefecture. This aircraft is normally onboard the I-Go submarine "I-6."

Photo 212: A Type 0 Model 11 Observation Seaplane being towed to the apron.

Photos 213-214: A Type 0 Small Reconnaissance Seaplane (Yokosuka E14Y "Glen") seen during service and refueling at Kure in Hiroshima. This type was the successor to the Type 96.

写真210・211

昭和11（1936）～12（1937）年ごろ、広島県呉基地のエプロンで発動機試運転を行う潜水艦『伊号第６』搭載の九六式小型水上機「ス・６」号。当時、潜水艦に小型水上機を搭載して偵察に活用するという方法を、実際に行っていたのは日本海軍だけであり、それだけに本機の存在は最高の軍事機密扱いだった。潜水艦の格納筒に収容する際は、尾翼を含めた胴体、上翼、左右下翼、左右フロートの各主要パーツに分解した。これを分解、組み立てに要する時間は15分程度だった。写真210の左後方が、海面からエプロンに上がるときのスベリ、機体の後方は燃料車であろう。機体を載せる木製の台車、フロート前部の下に置く台架に注目。

写真212

ライセンス生産を担当した長崎県の佐世保海軍工廠で完成し、牽引トラクターによりエプロンに引き出される零式観測機一一型。このトラクターは戦時中を通じて日本海軍の標準器材だったようだ。工廠製の零観は、本家の三菱の生産機と異なり、スピナーを省略し、プロペラ・ブレード先端の警戒帯（黄）も各２本塗られていたらしい。

写真213・214

広島県の呉基地における零式小型水上機の整備、および燃料補給の風景。本機は、九六式小型水上機の後継機となった潜水艦用の水偵だったが、この二葉が撮影された昭和19（1944）年半ばには、すでに存在意義が失われ、その保有機は、すべて呉基地の第６艦隊付属飛行機隊にまとめられて、陸上基地用の夜間偵察機として使われていた。

215

零式水偵一一型　串本海軍航空隊
昭和 18 年　和歌山県／串本

Type 0 Reconnaissance Seaplane, Kushimoto Kokutai, 1943, Kushimoto, Wakayama Prefecture

上面濃緑黒色、下面灰色、主翼上面、胴体日の丸は白フチ付き、尾翼機番号は白のフチどり仕様。

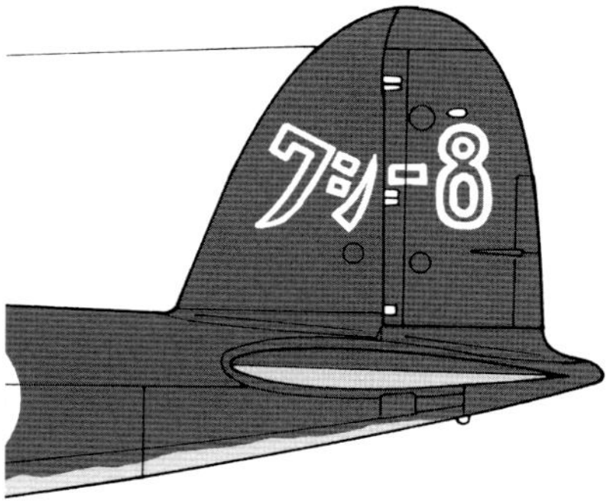

216

217

218

Photo 215: Ground crew push a Type 0 towards the launch area. Note the 250kg anti-submarine bomb mounted on the fuselage.

Photo 216: Refueling of a Type 0 Reconnaissance Seaplane (Aichi E13A "Jake") at the Kushimoto seaplane base in Wakayama Prefecture.

Photo 217: Washing the salt water off a Type 0 "Jake" after a mission at Kushimoto.

Photo 218: "Kashi-98," a Type 0 Reconnaissance Seaplane being craned into position on a Kure-style Mk.II Model 3 launch catapult at Kashima seaplane base in near Kasumigaura in Ibaragi Prefecture.

Photo 219: "Kashi-98" seen again warming her engine just before launch.

219

写真215
　対潜水艦哨戒任務を終えて帰還し、地上員により、スベリの近くまで移動される零式水偵。水面に浮いているとはいえ、全備重量3.6トンに達する本機を、手押しで移動するには、これくらいの人手を必要とする。胴体下面には、投下せずにそのままになった二五番（250kg）対潜用爆弾が確認できる。この後、牽引トラクターにより、エプロンへ引き上げられる。

写真216
　和歌山県の串本水上機基地における、串本航空隊所属零式水偵一一型への燃料補給の模様。右手前の燃料車の前面には、海軍の車輌を示す「桜に錨」のマークが付いている。フロートを付けた水上機は、陸上では運搬台車に載っているので、作業のために主翼の上へ昇るのも大変だった。

写真217
　任務を終えて串本基地に戻り、機体に浴びた海水をホースを使って真水で洗浄される零式水偵。最前線基地では、なかなかこうしたこともできないが、離着水時に海水の飛沫を浴びる水上機は、陸上機よりも防蝕対策は念入りに施しているといえ、洗浄は必須作業だった。地上員が着ているのは、水中作業用のゴム製防水衣。

写真218
　茨城県の霞ヶ浦に面した鹿島水上機基地に設置された、呉式二号三型射出機にクレーンを使ってセットされようとしている、鹿島航空隊所属の零式水偵一一型「カシ-98」号。射出機の後端に見えているのが双フロート機用の滑走車で機体をこの上に載せる。

写真219
　写真218と同じ「カシ - 98」号が、発動機の暖気運転も終わり、射出される寸前の風景。射出機の構造もよくわかって興味深い。射出機の仕組みと射出要領についてはP.27に示した通りである。射出機基部の後方に座った地上員が射出係で、合図のあり次第、射出スイッチを押せば、火薬が爆発して、一瞬のうちに機体を打ち出す。むろん、この時の発動機は全開の状態である。射出は搭乗員にとって負担もかかり、また危険度も高いので、艦船に配属された搭乗員は１回射出されるごとに、給料の他に「射出手当」なるものが加増された。

220

『瑞雲』一一型　横須賀海軍航空隊
昭和 19 年　茨城県／鹿島
Zuiun Model 11, Yokosuka Kokutai, 1944, Kashima, Ibaragi Prefecture
上面濃緑黒色、下面灰色、各日の丸はすべて白フチ付き、尾翼機番号は白。

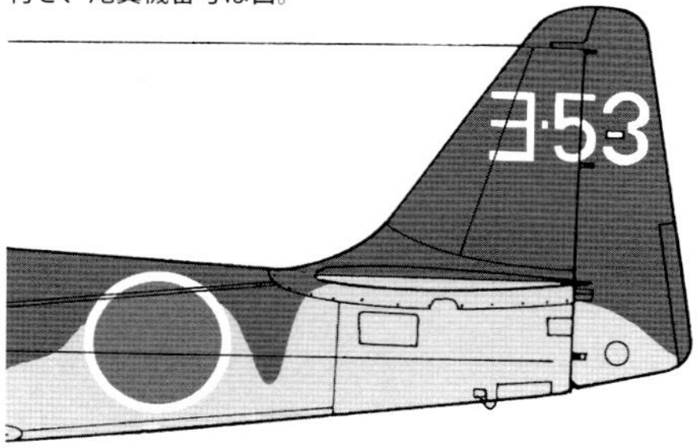

221

222

223

Photo 220: Another Type 0, "302-107," seen getting ready to depart from Hakata bay in Kyushu, late May 1945.

Photo 221: A Zuiun Model 11 of the Yokosuka Kokutai returns to the Kashima seaplane base.

Photo 222: Here's "Otsu-103" a Kyofu Model 11 (Kawanishi N1K "Rex") of the Otsu Kokutai in Lake Biwa, seen in the summer of 1944.

Photo 223: A unique, straight-in look at the windscreen -- and the occupant -- of a Zuiun Model 11 (Aichi E16A "Paul").

Photo 224: By late May, 1945, Japan was running out of standard-type aircraft to use in Kamikaze suicide attacks, and began to employ trainers and seaplanes in the effort.

224

写真220
　昭和20（1945）年５月下旬、すでに先行きも見えた沖縄戦で、孤立した陸軍第32軍の参謀を救出する命令を受け、九州の博多湾から沖縄に向けて発進する偵察第302飛行隊の零式水偵「302-107」号。制空権を奪われた沖縄に、このような鈍足の水上機で白昼行動するのは自殺行為に等しく、周囲の隊員には日章旗をうち振って盛大に見送る者（右端）もいた。電探搭載機を示す垂直尾翼の赤斜帯、水平尾翼上面の偏流測定線（白）、後席の7.7㎜防御機銃などに注目。

写真221
　茨城県の鹿島水上機基地に帰還した横須賀航空隊所属の『瑞雲』一一型。今しも主翼上に立つ搭乗員がフロート上に降りようとしている。先に降りているのは、左手に下げた用具嚢からして、後席の偵察員であろう。手前の防水衣を着た地上員が、彼ら２人を背負い、陸上に上げる。『瑞雲』は、水偵の機種名称を付けられているが、実際には水上爆撃機であり、他国にもほとんど例がない特殊な機体だった。

写真222
　昭和19（1944）年夏、琵琶湖畔の大津水上機基地に戻った大津航空隊所属の水戦『強風』一一型「オツ-103」号。スベリを使ってエプロン上に引き上げたところで、上半身裸の地上員が、運搬台車への載せ具合を確認している。主翼上に立つのは、操縦室を出た搭乗員で、これからフロート後部と右主翼付け根後縁に立て掛けた専用ハシゴを使って降りる。

写真223
　水偵『瑞雲』一一型の風防正面。操縦席に座った搭乗員との対比で、乗員室の幅がどれくらいだったかが知れる。日本軍用機としては、他にあまり例がない珍しいアングルからの写真である。

写真224
　沖縄戦が絶望的な様相を呈してきた昭和20（1945）年５月下旬、すでに神風特攻に使う実用機すら底が尽きてきた日本海軍は、練習機、はては水上機までも投入した。写真は、九州の天草航空隊の零式観測機と搭乗員をもって編成した、第12航空戦隊二座水偵隊の記念写真。背後の零式観測機「アマ-2」号は、スピナーが省略されており、主フロート支柱の付け根に二五番（250kg）爆弾懸吊架と、投下の際にフロートに爆弾が当たらないようにするためのガイドレールが追加されている。

225

226

227

228

229

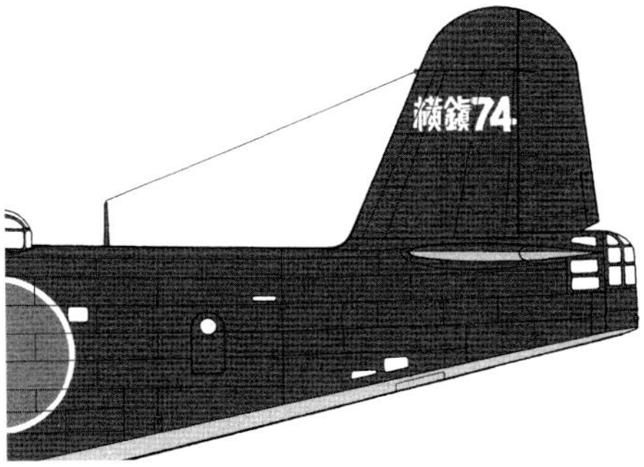

二式飛行艇一一型　横須賀鎮守府付属飛行機隊
昭和 19 年夏　神奈川県／横浜
Type 2 Model 11 Flying Boat, Yokosuka Headquarters Hikotai, Summer 1944, Yokosuka, Kanagawa Prefecture
上面濃緑黒色、下面灰色、胴体日の丸のみ白フチ付き、操縦室横の固有名称“敷島”、尾翼機番号は白。

Photos 225-226: Scenes of seaplane crew training at the Kure Kokutai in Hiroshima, November 1943.

Photo 227: A view inside the cockpit of a Type 2 Flying Boat (Kawanishi H8K "Emily") shows the pilot (on the right) and the copilot with their inboard hands on the support bar running across the cockpit, while their other hands are (probably) on the control sticks.

Photos 228-229: Shots of "Shikishima-go," a Type 2 Flying Boat modified into a VIP transport seen at Yokohama seaplane base in Kanagawa Prefecture in the summer of 1943.

写真225・226
昭和18（1943）年11月、広島県の呉水上機基地にて訓練に励む、呉航空隊の水上機搭乗員。写真225の手前の黒板は、いわゆる「搭乗割」と称した掲示板で、その日の訓練項目、使用する機体の番号などがチョークで書き込まれている。右の方の長形片が訓練生の名札。この日の訓練は「計器航過」、すなわち計器飛行である。後方に写っている機体は零式観測機が多いが、右端は水戦『強風』、遠方には零式小型水上機の姿も見える。写真226は、水戦搭乗員の訓練生で、左手前の教員が手に持っているのは、『強風』のソリッドモデル。左後方の零式観測機の尾翼機番号は「ク-1」。

写真227
二式飛行艇の操縦席。実機が現存しているので操縦室内のディテールなどは、すべて把握できているが、搭乗員が操縦している当時の写真は他にはほとんどなく、貴重な一葉である。正（右）、副（左）操縦士とも、左右に通った太い筒状の操縦桿を片手に置き、一方の手は、それぞれの操縦ハンドルを握っているのだろう。計器板の配置は、小社刊の『エアロディテールNo. 31』のそれと比較されたい。操縦士の座席後方の枠組みは、現存機では天井まで縦枠が達しているが、この写真の機には座席の背当てよりも低い高さしかないなど相違がある。

写真228・229
昭和19（1943）年夏、神奈川県の横浜水上機基地における横須賀鎮守府付属飛行機隊所属の二式飛行艇一一型改造高官輸送機『敷島』号。写真228は、外側発動機試運転、および艇体整備中を真後ろから撮った写真で、本機の特徴ある正面形がよく捉えられている。周囲で作業する地上員と対比すれば、本機がいかに巨大であったかが分かるだろう。写真229は任務を終えて帰投し、スベリからエプロンに引き上げられるところで、右手前が機体を牽引するトラクター。すでに艇体両側下には地上移動用の台車が取り付けられている。

230

231

232

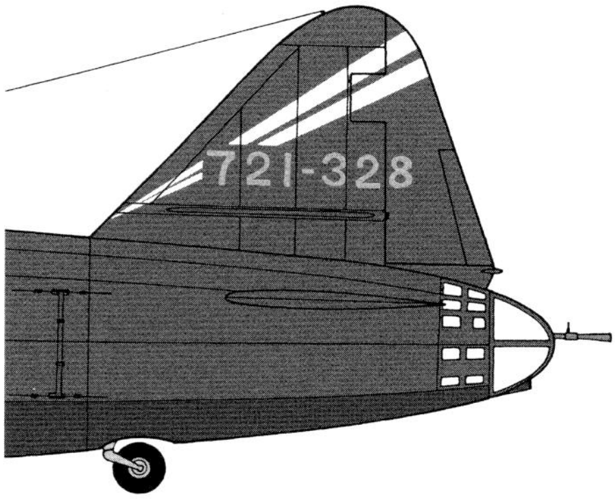

一式陸攻二四丁型　第 721 海軍航空隊攻撃第 711 飛行隊　昭和 20 年 2 月　鹿児島県／鹿屋

Type 1 Land Bomber-Kai, 721st Kokutai/711th Hikotai, February 1945, Kanoya, Kagoshima Prefecture

全面濃緑黒色、ただし、胴体下面のみは黒、『桜花』は全面灰色、主翼上面、胴体の日の丸は白フチ付き、尾翼機番号は黄、２本のフラッシュは白。

Photo 230: An "Emily" of the 801st Kokutai prepares to depart Takuma seaplane base in Ehime Prefecture on a mission to lead the Ginga land bomber-equipped "Azusa Special (Kamikaze) Attack Force" towards their targets.

Photo 231: The first unit to operate the "Ohka" was the 721st Kokutai and their "Jinrai Ohka Special Attack Force." This photo shows members of the unit along with the Type 1 Land Bomber "mother ship" "72-328," with an Ohka mounted on the belly of the plane.

Photo 232: The first "Keiun" (Yokosuka R2Y) land-based reconnaissance plane's prototype. The type featured two Atsuta 30 engines coupled together and driving a six-blade prop in a very complex arrangement.

233

Photo 233: The first rocket-powered Shusui prototype (Me163 derivative) seen just before its first and only flight on July 7, 1945.

Photo 234: The first Kikka jet attack plane prototype being pushed into position by ground crew. The type first flew on August 7, 1945.

234

写真230

アメリカ海軍根拠基地がある、南太平洋ウルシー環礁に対して、決死の攻撃をかける陸爆『銀河』装備の『梓特別攻撃隊』の誘導任務に就くため、愛媛県の詫間水上機基地を発進しようとしている、第801航空隊所属の二式飛行艇一二型。艇体上には、手空きの乗員が出て、手前の基地員総出の見送りに応えている。途中までの誘導とはいえ、アメリカ軍の制空権下を飛行するだけに、二式飛行艇にとっても決死の出撃であった。見送る人々の思いも、写真から伝わってこよう。手前の土盛りは防空壕の入り口かもしれない。昭和20（1945）年３月８日の撮影。

写真231

戦史上、類を見ない有人飛行爆弾『桜花』を運用した最初の部隊、第721航空隊『神雷桜花特別攻撃隊』の一式陸攻二四丁型「721 - 328」号と、近くで車座になって待機中の搭乗員。一式陸攻の胴体下面には、すでに『桜花』が懸吊されている。昭和20(1945)年２月、鹿屋基地での撮影。

写真232

２基の液冷発動機を並列に結合し、延長軸を介して機首のひとつのプロペラを廻すという、奇抜な構想で開発された陸上偵察機『景雲』の試作１号機。ドイツの影響を強く受けた機体で、その姿は日本機ばなれしていた。

写真233

昭和20（1945）年７月７日、ただ１回の飛行に終わったロケット戦闘機『秋水』試作１号機の初飛行直前の風景。操縦席の人物は犬塚豊彦大尉。ドイツ空軍Me163のコピーではあるが、まったく同じではなく、機首、操縦室まわりなどは、独自のアレンジになっている。犬塚大尉の後方の頭当て、防弾鋼板、酸素ボンベなどが確認できる。機体塗色は全面黄橙色。手前は海軍側の技術者。

写真234

『秋水』に１か月遅れ、昭和20（1945）年８月７日に初飛行したジェット攻撃機『橘花』の試作１号機。写真は４日後の８月11日、２回目の飛行に臨むため、千葉県木更津基地の掩体壕から地上員に手押しされて引き出されるところである。エンジンに異物が入らぬよう、ナセル前面に「防塵板」と記入した蓋が被せてある。

235

Photo 235: Another view of work on the engine.

Photo 236: Closeup view of "Ne-20" engine. A wire net is on the front side.

Photo 237: Lieutenant-Commander Susumu TAKAOKA getting on a cockpit after the inspection. Under the fuselage are two rocket boosters.

Photo 238: Side shot of Nakajima Kikka Prototype with Lieutenant TAKAOKA.

236

237

238

写真235、236
飛行前、入念に右側の『ネ - 20』ターボジェットエンジンを点検する地上員。この『ネ - 20』は、ドイツのBMW003を参考にして、海軍第一技術廠（旧航空技術廠）が製造したもので、推力はわずか480kg（BMW003は800kg）だった。ナセル前面の防塵板は外してあるが、細い編み目状のネットが張られている。これは木更津基地の滑走路が一応は舗装してあるものの、欧米のように完備したものではないため、不意の異物を吸入してしまわないようにするための措置。

写真237
『ネ - 20』の点検も終わり、テストパイロットの高岡迪少佐が操縦室に乗り込もうとしているところ。背負い式の落下傘、標準と異なった白っぽいブーツに注目。８月７日の初飛行時は燃料もタンク一杯にせず、脚を出したまま11分間の慣らし程度に飛行しただけであったが、この11日の２回目は、燃料を満載し、全開運転による最大速度を計測する予定になっていた。そのために、胴体下面には、写真でも分かるように２本の離陸補助用ロケットブースターを取り付けたが、結果的にこれが原因で離陸に失敗し、大破してしまう。

写真238
高岡少佐も操縦席に座り、『ネ - 20』ターボジェットエンジンを始動する直前の『橘花』試作1号機を、左真横より撮ったカット。ドイツのメッサーシュミット Me262Aを参考にしたとはいえ、このような側面全姿写真で見ると『橘花』は、良く言えば日本独自の設計、悪く言えばグレードダウンした機体だということが実感できる。エンジンの推力が Me262の Jumo004（こちらも予定していたBMW003が実用化ならず、ユンカースの Jumo004に変更された）に比べ52%しかないので、それも致し方のないことだった。

Chapter7:War's End

第七章
終戦

昭和20（1945）年8月15日、日本は連合国によるポツダム宣言を受諾、ここに3年8か月にわたった太平洋戦争は終結した。日本本土だけでなく、太平洋の島々や大陸の各地に残存していた日本陸海軍機はプロペラを取り外され、またタイヤをパンクさせるなどして武装解除され、やがてアメリカ軍の命令により徹底的に破壊され、焼却処分が行なわれていった。こうして日本陸海軍機の大半がこの世から姿を消したものの、一部の状態の良好な機体は調査の対象として処分を免れ、戦勝国であるアメリカやイギリスの本国に運ばれることになった。

239

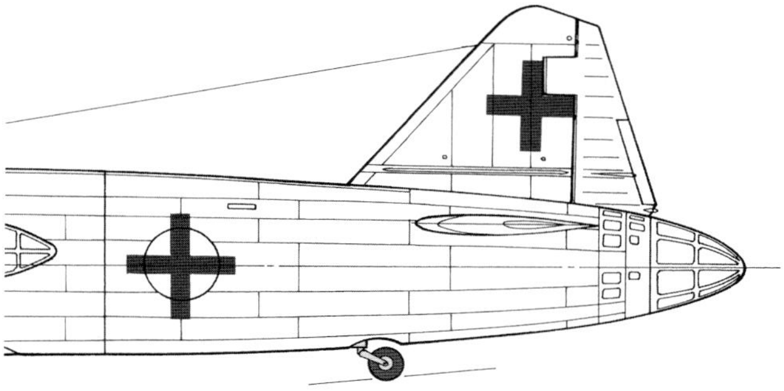

一式陸攻一一型　緑十字飛行用機　昭和20年8月18日　千葉県／木更津～沖縄／伊江島
Type1 Model11 Land Bomber, Green Cross Plane, August18,1945, en-route Kisarazu, Chiba Prefecture to I-e-jima, Okinawa
前面白、左、右主翼上、下面、胴体、垂直尾翼両側の計8か所に緑十字マークを記入。

240

Photo 239 &240：Members of the group led by Torashiro Kawabe seen at the stopover point on Okinawa's Iyo island after arriving from Kisarazu's naval base in Chiba, just four days after the end of the war on August 19, 1945. They're on their way to meet Douglas MacArthur, just selected as commander-in-chief of the occupation forces, to begin drafting the formal documents of surrender.The Betty's painting is called "Green Cross".

PPhoto 241: Green Cross version of a Zero fighter shot in Rabaul after war. It is going to take off towerds to Australia for transfering to Australian Army.

Photo 242: Type 97 Carrier Attack Plane "Kate #302" landed on Jacquinot airfield going to be transfered to Australian Army.

241

242

写真239

“日本敗れたり!!”太平洋戦争終結から4日目の昭和20（1945）年8月19日、降伏文書調印などの下交渉のため、日本側使節団一行を乗せた一式陸攻2機（正確には、うち1機は輸送機に改造された機体）が、フィリピンまでの中継地である沖縄の伊江島飛行場に到着したシーン。写真は一式陸攻一一型のほうの1番機。戦後処理のために連合国側から特別に飛行することを許可された日本機を示す、白塗装に緑十字という“グリーンクロス・フライト”仕様にしている。

写真240

上写真に続くカットのひとつで、輸送機型の2番機の胴体後部乗降扉から地上に降りた使節団の一員、および乗員。後方ではアメリカ軍のMPたちが、初めて見る日本機と日本人たちを興味深げに見ている。予定ではこのあとフィリピンまで飛ぶことになっていたが、アメリカ側が途中の安全を保障できないという理由で、急遽、使節団員のみが同軍のC-54輸送機に乗り換え、フィリピンへ向かった。

写真241

かつて南太平洋における日本海軍最大の根拠基地だったニューブリテン島のラバウル地区には、東飛行場周辺を中心に損傷して使用不能になった海軍機が数多く遺棄されていた。すでに航空部隊は昭和19（1944）年2月下旬に後方に引き揚げてしまっていたが、現地に残された野戦航空廠員、整備員、搭乗員の一部は、これら損傷機を寄せ集め、飛行可能な機体を数機再生させて敗戦の日まで哨戒などに使っている。写真はそれら再生機のひとつ零戦五二型で、敗戦後、オーストラリア軍に引き渡すためジャキノット飛行場に向けて出発する前の記念スナップ。雑ではあるが、グリーンクロス・フライト仕様にリペイントされている。

写真242

これも上写真の零戦と同じラバウルでの再生機の九七式艦攻一二型で、やはりオーストラリア軍への引き渡しのためジャキノット飛行場に到着した際の撮影と思われる。日の丸を暗色のペンキで塗り潰されてはいるが塗装はオリジナルのままのようで、緑十字マークも記入されていない。

243

244

245

Photo243: U.S.Marines and Kawanishi Kyohu（N1K1 "Rex"）in Sasebo airbase in October 1945.

Photo 244: The only canard design plane in Japan Kyushu Shinden（J7W）. American aeronautics scholors and pilots are showing great interests. In addition, "Kyushu" is a name of the company which manufactured this airplane.

Photo 245: Watanabe/Kyushu To-kai（Q1W1）is being inspected by American Army at Jeju island, south of Korean Peninsula.

Photo 246 & 247: Kawanishi Shiden-Kai（N1K2-J "George21"）formerly of the 343rd Kokutai, at Omura air base in Nagasaki Prefecture being prepared for air transport to Yokosuka, in Kanagawa, where they will be shipped to the US for testing. Note the stars and bars marked on the wings and fuselage.

246

247

写真243
昭和20（1945）年10月末、長崎県佐世保市の旧海軍佐世保基地に進駐してきたアメリカ海兵隊員が、水上機用エプロンに駐機してあった水上戦闘機『強風』を興味深げに見上げる。彼らの背丈と比較すれば、台車上の『強風』の操縦室が異様に高い位置にあることを実感できる。

写真244
日本軍用機としては前例のない「前翼型」の局地戦闘機『震電』は、進駐してきたアメリカ軍の航空関係者たちも大きな関心をもっていて、福岡市近郊に所在した九州飛行機（株）の工場をただちに所轄して、たった1機しか完成しなかった『震電』の"身柄"を確保した。写真は損傷修理が終わり、エプロンに引き出された試作1号機。傍らの人物と比較すれば本機がいかに"腰高"だったかがわかる。

写真245
朝鮮半島南方の済州島に展開し、朝鮮海峡や東シナ海の対潜哨戒に就いていた陸上哨戒機『東海』一一型が、戦後に同島へ進出してきたアメリカ軍により検分を受ける。このように上面を鮮明に捉えた本機の写真は他になく、多くの得難い情報を提供してくれる。斜めに記入された細い黄帯は、磁・探装備機による編隊飛行時の維持目安用。

写真246
太平洋戦争末期、凋落著しかった日本海軍戦闘機隊が、新鋭機『紫電改』を擁する第343（2代目）航空隊をして、アメリカ海軍艦載機群に対し、再三にわたり優勢な空中戦を展開したことは、彼らに大きな衝撃を与えた。写真は長崎県大村基地にて、アメリカ本国に搬送するため、神奈川県の横須賀・追浜に向けフェリーされる直前の、もと343空の6機の『紫電改』。昭和20年10月16日朝の撮影。

写真247
上写真に続く1コマで旧日本海軍整備員によって入念に整備された『紫電改』がいっせいに発動機の暖機運転を行なっている。機体の日の丸こそアメリカ軍の星マークに塗り替えられているが塗装はオリジナルのままであり、戦中の出撃シーンをほうふつさせるリアル感が伝わってくる。

248

249

250

Photo 248: Allied Technical Air Intelligence Unit South East Asia (ATAIU-SEA) by British Royal Air Force and Kyushu Type 2 Training Plane “Ko-yo” . The former Japanese Navy pilot is making a test run.
Photo 249: The former Japanese Navy pilots listening to instruction of ATAIU-SEA officer.
Photo 250: Mitsubishi G4M2a “Betty” on test flight. Although many planes like Zero were written "BI-", this plane was written "FI-". That is probably because it is bimortored.
Photo 251: Zero fighters on a ferry flight. At the front is Type 21 and its 20mm gun is transfered to long-barreled version.
Photo 252: Mitsubishi Raiden Type21 (J2M2 “JAck”) on a ferry flight. It seemed that they have been scrapped in Singapore.

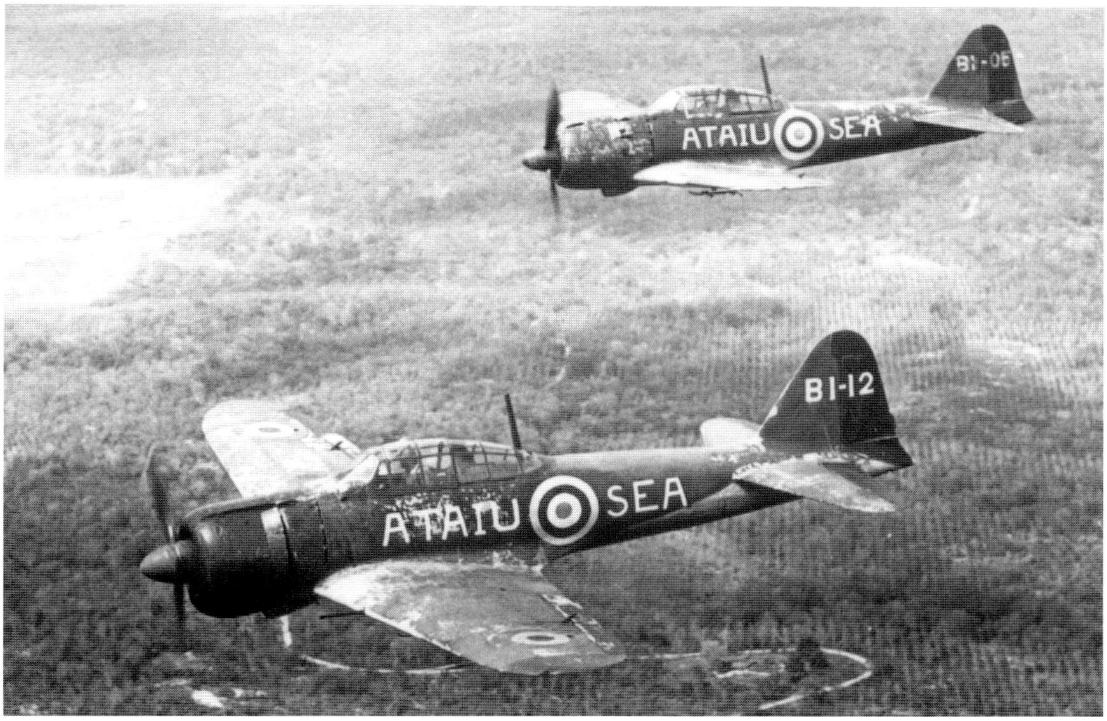

251

252

写真248
終戦直後、マレー半島には旧宗主国イギリスの軍隊が進駐、旧日本陸海軍機を接収した。写真もそのうちの1機で、ドイツのビュッカー社Bü131ユングマン複葉機を国産化した二式陸上初歩練習機『紅葉』。イギリス空軍マークに塗り替えられ、胴体には「連合軍航空技術情報隊・東南アジア」の略であるATAIU-SEAを白で記入している。イギリス軍将校が立ち会い、旧日本海軍搭乗員が発動機試運転中。

写真249
マレー半島のテブラウ基地にて接収された各機種をシンガポールに向けてフェリーするにあたり、ATAIU-SEAの将校の指示に聞き入る旧日本海軍搭乗員たち。彼らの背後は、もと第381航空隊所属の『雷電』二一型で、尾翼には“BＩ-02”の記号を白で記入している。

写真250
同基地での接収機ではもっとも大柄だった一式陸攻二四型が、フェリー前のテスト飛行を行なう。零戦などが“BＩ-”の記号を記入したのに対し本機は“FＩ-”を使用しているが、これは双発、単発の区分けのゆえか？　アメリカのように小型空母という輸送手段のないイギリスは本機の搬送を断念、現地でテスト後にスクラップ処分した。

写真251
テブラウ基地からシンガポールに向けてフェリー中の零戦。手前は二一型、奥は五二型で、いずれも中島飛行機の生産機。注目すべきは手前の二一型で、正規の生産型ではあり得なかった、主翼内の20㎜機銃が長銃身の九九式二号三型に換装されている点。おそらく、野戦航空廠が存在したシンガポールで現地改造されたものと思われる。ちなみに奥の五二型は、現在イギリスはケンブリッジ州の帝国戦争博物館ダックスフォード館に部分展示されている。

写真252
これもテブラウ基地からシンガポールへフェリー中の『雷電』二一型“BＩ-01”“BＩ-02”の2機編隊。これらも現地でスクラップ処分されてしまったようで、イギリス本国における調査記録などはまったくない。

appendix：man & machine

補遺；情景写真

人と飛行機と

ここまで、本書では日本海軍航空隊の草創期から終焉までの期間におけるさまざまな情景についてを方面別、時代別に駆け足で見てきた。末尾となる本稿ではその補遺として、空母（一部水上艦艇）の艦上、内地の航空隊の様子や、さまざまな整備作業、発進前後の飛行機を取り巻く飛行場の風景という共通のシチュエーションで、撮影時期や異なる部隊の写真を並べ、比較してご覧いただく。これにより、飛行機に乗り込んだ操縦員の姿勢や地上にいる整備員、搭乗員の所作、立ち位置などについて共通項となる部分をくみとっていただきたい。見慣れた写真であっても、見方を変えれば新しい発見があるはずだ。（本項解説／編集部）

A

B

C

Photo A: Kawanishi Type94 Reconnaissance Seaplane Model 2（E7K2）waiting for a takeoff signal. The catapalt is turned to avoid hitting a structure above.
Photo B: Zero Fighter prepareing for takeoff. Usually four crews maintain one Zero and one leader take command of others. Nakajima Type 97 Carrier Attack Bombers（B5N2 "Kate"）are behind.
Photo C: NakajimaType 97 Carrier Attack Bomber Type 1（B5N1）equipped with Nakajima Hikari engine suspending a torpedo. They are cooperating for the movie shooting. The pilot is raising the seat to ensure the front view and the grand crews carrying gasmasks are waiting for the "Chocks away" signal. Although there is many crews in the back ground, they should not be there in the real battle situation.
Photo D: Common takeoff scene of Nakajima B5N2. Since the No.25 bomb Type 2 is suspended on the fuselage, it is assumed that it is going to patrol.

D

写真Ａ
古鷹型重巡洋艦のカタパルトに装填され、発艦の合図を待つ九四式二号水上偵察機。自艦の上部構造物を避けるため、カタパルトは左舷に旋回し、風に立てている。わかりづらいが、画面右下には射出員がおり、発艦指揮官の合図でカタパルト発射の引き金を引く。同じく画面中央下には後続する駆逐艦の姿が見えている。

写真Ｂ
こちらは空母「翔鶴」艦上で発艦の準備をする零戦二一型。胴体左側（画面向かって右側）から操縦員が手掛け足掛けを使い機上へ登り、操縦席へと乗り込んでくるので、操縦席で試運転をしていた整備員は右の主翼に降りる様子がうかがえる。通常は零戦1機あたりの整備担当は4名で、ひとりの機長（この用語は搭乗員だけでなく、整備の長を呼ぶ際にも使った）が3人の部下を指揮して行なった。ほかに機銃整備を担当する兵器整備員、無線機の調整をする無線兵器員がいる。奥に続くのは九七式三号艦上攻撃機。

写真Ｃ
九一式魚雷を懸吊して空母からの発艦に備える九七式艦上攻撃機で、光エンジンを搭載した一号艦攻。昭和19年、映画の撮影に協力中のものだが、座席をめいっぱい上方へ引き上げて前方視界を確保する操縦員の様子や、主車輪に取りついて「チョーク（車輪止め）はずせ」の合図を待つ整備員の姿が読み取れる。整備員が背負っているのは防毒マスク一式。画面奥には飛行甲板に整列した整備員たちの姿が確認できるが、本来は飛行甲板脇のポケットに引っ込んで、甲板上に出ずに見送るのがより実戦的な姿だ。

写真Ｄ
こちらは九七式三号艦上攻撃機の一般的な発艦風景で、胴体下には対潜水艦攻撃用の二五番二号爆弾を搭載していることから前路哨戒に出るところと思われる。空母「翔鶴」の機体で、カウリングのアゴ部分には機番号下１ケタ「10」が記入されていることから〔ＥＩ-310〕であろう。手前で白い旗を掲げているのはいわゆる発艦指揮官で、艦のうねりの様子を見て、旗を下に下げれば発艦開始だ。

Photo E: Zero fighter Type21 (A6M2b) of Kasumigaura Kokutai with pilot. Unusually there is an anti-glare painting.
Photo F: Warming up the Zero of Kasumigaura Kokutai "＃カ-103".
Photo G: A Zero fighter Type21 (A6M2b) being serviced in a hangar of Oh-ita Kokutai. Oh-ita Kokutai is training air corps for fighter pilots.
Photo H: A Zero fighter Type21 belongs to 261st Kokutai was ruined in training. "虎" is a meaning tiger. It pronounces with "To-ra".

E

F

G

H

写真 E
霞ヶ浦空における零戦二一型と搭乗員。補助翼に腕木型のマスバランスを付けた三菱通算326号機までの生産機だが、右翼付根（写真では向かって左の翼となる）の操縦席換気用空気取入れ口は四角くなったタイプ。この頃の霞ヶ浦空には写真のようにカウリング、カウルフラップの黒塗装を削り取り、カウリング上面にのみ防眩塗装を施した〔カ-101〕〔カ-102〕〔カ-103〕という機体があったが、その特徴から本機は〔カ-102〕と推定される。この機体は主脚収納庫が暗色で塗装されているようだ。遠方には同じくカウリングを明るくした一式陸上攻撃機が見える。

写真 F
操縦員が乗り込んで離陸前の暖機運転に余念のない霞ヶ浦空の零戦二一型〔カ-103〕。白い事業服（作業着）を着た整備担当者のうち、左から2番目の人物は士官か准士官の雰囲気を醸し出している。発艦、離陸前の零戦の操縦員は、かくなる姿勢になるまで座席を上げる。主翼を触っているのは試運転中に機が回されないようにするためで、これを「翼端保持」などと言った。

写真 G
練習航空隊である大分空の格納庫に収容され、整備作業中の零戦二一型群。スペースを有効に活用するためか、翼端が丁寧に折り畳まれているのが印象的だ。左奥の機体はその塗り分けラインから中島製二一型と断定できる。画面右、カウリングを外した機体〔オタ-109〕(外されたカウリングが左端に見えている）は機体下面も濃緑色に塗られている（98ページ、写真182参照）。階段状の作業台は踏み台として、また部品置きとしても使われる。

写真 H
こちらは訓練中に大破した第261航空隊所属の零戦二一型〔虎-110〕。胴体日の丸後方で完全に切断されており、尾脚部も吹き飛んでいるようで全損状態（ドラム缶を使って機体を保持している）。「虎」は261空の愛称だが、昭和19年3以降、部隊名下二ケタ「61」を使用するようになる（ただし、虎を記入したまま、マリアナ決戦に参加した機体もあった）。

I

Photo I: A Zero Type21 (A6M2b) being on a test run without engine cowlling in sothern base.

Photo J: Unflyable Zero fighters for maintenance training in traineing air corps.

Photo K: A Zero fighter Type52-Hei (A6M5c) being serviced. The crews are using drum cans as footholds.

Photo L: A Zero Type21 (A6M2b) being moved by trainees. 12crews are pushing the plane.

Photo M: A Zero fighter being moved in a airfield. Only four crews are pushing the plane.

J

K

L

M

写真 I
南方の基地でエンジンカウリングを外して試運転を行なう零戦二一型。カウリングは８カ所のネジ式ロックを緩めることで簡単に取り外すことができ、潤滑油の交換や点火栓のブラシかけなどは毎運転後に行なわれた。操縦席を挟んで3人の整備員の姿が見え、胴体下にもひとりが座り込んで上半身裸にハチマキをして作業を行なっている。

写真 J
練習航空隊の飛行場端で列線を敷いて整備作業実習を行なう零戦群。いずれも飛行不能機を教材として用いているようで、手前の機体は五二型だが補助翼が外されており、アンテナ支柱上端も外され、内蔵されているアンテナ線（外れた部分が風防内に見えている）と金具が見えている。2機目の灰緑色の機体は主翼端が角形に見え、翼端灯や防火壁の位置、プロペラ減速器の形状から三二型であるとわかる。画面左奥へと続いていく機体は二一型のようだが、遠方の機体は翼端を外されており、いずれも飛行不能。

写真 K
こちらは実戦航空隊（海軍では“実施部隊”と呼んだ）で整備作業中の零戦五二丙型。このように専用の作業台ではなくドラム缶をうまく足場に用いて作業する様子は、各部隊でよく見られた光景。

写真 L
内地の練習航空隊で機体を移動される零戦二一型。単発機の場合、主翼前縁にテンションをかけ、尾翼の方向へ手押しして移動させる。尾翼部に４人、主翼左右に４人の合計12人であれば簡単に移動できる重量だ。

写真 M
こちらもエプロンを移動中の零戦二一型だが、人数はぐっと減って4人程度しかおらず、各員の力の入り具合も上写真とは比べ物にならないのがわかる。カウリングだけでなく、カウルフラップや防火壁までの胴体外板を外しており、画面中央左には二式水上戦闘機らしき姿も見えることから、遠方の機材は横須賀空所属で、手前の機体は整備教育を担当した追浜空の教材ではないかと思われる。

N

O

P

Q

Photo N: Zero fighters going to takeoff from Buin Base, Bougailville Island around April 1943.
Photo O: A Zero fighter Type32（A6M3 "Hamp"）taking off from Rabaul East Airfield.
Photo P: The 221st Kokutai members making arrangements before the sortie in Autamn 1944.
Photo Q: Nakajima Tenzan Carrirer attackers Type12（B6N2 "JILL"）in Katori Airbase in Februrary 21st 1945.

写真Ｎ
　昭和18年4月ころか、ブーゲンビル島ブイン基地から発進にかかる零戦二一型群。ラバウルやブインに根拠をおく基地航空隊はこのころすでに三二型や二二型に更新していたが、空母飛行機隊は航続力を重視して二一型（中島製）のままであった。普段、トラック諸島などの基地で訓練をしている空母飛行機隊の零戦は迷彩をしておらず、い号作戦などで南東方面へ前進する時にだけ大急ぎで迷彩を施す関係から、比較的乱雑な仕上がりとなっていた（基地航空隊機の方がベタ塗りに近い）。

写真Ｏ
　増槽を懸吊してラバウル東飛行場を離陸していく零戦三二型。上写真と前後するが、いまだ零戦隊健在の頃の撮影で、見送る人々の後ろ姿にものんびりとしたムードが漂い、あまり緊迫感が見られない。

写真Ｐ
　昭和19年秋、出撃直前の最終打ち合わせをする第221航空隊の隊員たち。画面左から中央にかけて並ぶ搭乗員たちはカポック（救命胴衣）に落下傘縛帯まで装着している。戦闘機搭乗員の場合、縛帯を着用するのは飛行機に乗り込む寸前で、窮屈なカポックも直前にならなければ着用しない。画面右側の一団は残留隊員の予備学生や、錬成を要する下士官兵搭乗員のようで、出撃隊員と服装がだいぶ異なっていることがわかる。

写真Ｑ
　こちらは昭和20年2月21日、神風特攻第二御楯隊として出撃する601空攻撃第254飛行隊の天山一二型で、香取基地における光景。この当時、香取基地のエプロンには写真に見られるようにシマ模様の迷彩が施されていた。手前の機体には魚雷が、奥の機体には八〇番爆弾が懸吊されている。壇上で訓示をするのは飛行隊長の肥田真幸大尉で、中央の一団が出撃隊員と伝えられる。手前で見守る人員の背中から、いいようのない緊張感が伝わってくる。

R

S

T

Photo R: A pilot is getting on a Mitsubishi Raiden type31（J2M6 “Jack”）for a scramble.
Photo S: A Zero fighters of Oh-ita Kokutai taking off for training flight.
Photo T: Kawanishi Shiden（N1K1-J “George11”）taking off from Genzan airbase in early April 1945. Vide p.103-104.
Photo U: A Zero fighter Type 52-Hei（A6M5c）of Yatabe Kokutai. Four crews are waiting for takeoff signal at the entaring edge of main wings.
Photo V: A Zero fighter taking off from Kokubu airbase in Spring 1945.

U

V

写真 R
スクランブル発進のため雷電三一型に乗り込む搭乗員とそれを補佐する整備員。こうした緊急の場合であっても、主翼を踏み抜かないよう手掛け足掛けを巧みに使って乗り込む様子がよくわかる。

写真 S
練習航空隊の大分空で飛行訓練に発進する零戦二一型群で、各機に搭乗するのは海軍兵学校出身者の飛行学生たち。手前の機体は灰緑色のままだが、２機目以降に並んでいる機は前掲の〔オタ-109〕のように機体全体を濃緑色で塗装しているのが面白い。4機目の機体は編隊を組む際の目安にするためか、垂直尾翼の機番号上下を白く塗っている。

写真 T
昭和20年4月上旬、沖縄作戦に参加する自隊の零戦隊を直掩するため元山基地を離陸にかかる元山空の紫電一一型で、20㎜機銃4挺すべてを主翼に納めた一一乙型だ。紫電に限らず日本軍機には潤滑油漏れは当たり前で、写真の機体も漏れ出た油が増槽に相当かかっているのがわかる。左遠方に見える2機は零式練習戦闘機。元山空に関しては103～104ページも参照いただきたい。

写真 U
こちらも沖縄作戦参加のため前進する谷田部航空隊の零戦五二丙型。機付きの整備員４人が主翼前縁に並び、発進の合図を待つ。主翼の20㎜機銃、13㎜機銃の銃口には砂塵除けの布が巻き付けられているが、こうした光景は昭和19年末ごろから見受けられるようになった。主脚カバーの荷重表示帯が上から赤・青・赤となった後期の生産型である。操縦席後方の防弾ガラスは撤去されてる。

写真 V
沖縄作戦において国分基地を離陸する零戦で、中島製五二丙型と思われる。601空戦闘310飛行隊の所属と伝えられ、艦隊航空隊の残党と自称するに恥じない戦いぶりをみせた。離陸する機体と見送る搭乗員たちの距離をご覧いただきたい。

逆引き 日本海軍航空部隊 部隊記号一覧

調整／編集部

日本海軍機の垂直尾翼に記入された数字やアルファベットは所属艦、部隊を表す重要な記号と機番号である。ここでは、これら部隊記号からどの部隊の所属であるかを読み取る目安となる記号一覧表を掲示する。

凡例：

1）実施部隊、練習部隊、艦艇を問わずおよそ全ての部隊について掲げた。同じ記号でも時代によって表す部隊が異なる場合や、同じ時期に違う艦、部隊が同じ記号を使っている場合もあり、それぞれ併記している。
2）記号は規定により定められているものを掲げたが、実際に使用されていないものもあるほか、規定とは若干変えて使用されているケースもあるようだ。
3）同じく使用期間は規定により定められている期間を目安としたが、実際の使用状況、導入時期が前後する場合があるので注意されたい。
4）部隊名のうち、Sは戦闘飛行隊を、Kは攻撃飛行隊を、Tは偵察飛行隊を表す略記号。

●カタカナを部隊記号とした部隊

※ 第2河和空の「2コウ」など数字が接頭になるものは末に記載。

記号	所属艦／部隊名	主な使用期間
アツ	厚木空	(S18)
アマ	天草空	(S19.8～S20)
イ	空母「若宮」	(大正～昭和初年)
イサ	諫早空	(S19.3～S20)
イツ	出水空	(S18.4～S20.2)
イハ	岩国空	(S14～S20)
ウサ	宇佐空	(S14.10～S20)
オ	大村空	(～S20)
オヰ	大井空	(S17～S20)
オウ	黄流空	(S18.4～S19.5)
オキ	沖縄空	(S19.4～S19.12)
オタ	大分空	(S13～S19)
オツ	大津空	(S16～S20)
オヒ	追浜空	(S17.11～S19.12)
オミ	大湊空	
カ	霞ヶ浦空	(～S20)
カイ	海口空	(S18.10～S19.5)
カウ	河和空	(S18.5～S20)
カコ	鹿児島空	(S18.4～S20)
カシ	鹿島空	(S16～S20)
カチ	高知空	(S19.3～S20)
カト	香取空	(S19.2～S20.6)
カヤ	鹿屋空	(S17.10～S19.7)
カン	観音寺空	(S20.3～S20.8)
キ	木更津空	
キタ	北浦空	(S16～S20)
ク	呉空	
クシ	串本空	(S17～S19.12)
ケ	元山空	(S19.8～S20)
コ	航空廠／空技廠	(S7～S20)
コウ	神ノ池空	(S19.2～S19.12)
	光州空	(S20.3～S20.8)
コク	国分空	(S19.8～S20.3)
コビ	虎尾空	(S19.5～S20.2)
コマ	小松島空	(S16.10～S19.12)
コリ	郡山空	(S19.2～S20)
ケ	元山空	
ケン	元山空	
サ	佐世保空	
サイ	西条空	(S20.3～S20.8)
サカ	相模野空	(S17.3～S20)
サヘ	佐伯空	
サン	三亜空	(S18.10～S19.6)
シガ	滋賀空	(S19.8～S20)
シヤ	上海空	(S19.1～S20.1)
シン	新竹空	(S17.4～S19.1)
ジン	神町空	(S19.12～S20)
ス	鈴鹿空	(～S20)
	ほかに潜水艦搭載機	
スク	宿毛空	(S18～S19.1)
スサ	洲崎空	(S18.6～S20)
セイ	青島空	(S19.1～S20)
タ	館山空	(～S20)
タイ	台南空（2代）	
タウラ	田浦空	(S19)
タク	詫間空	(S18～S19)
タカ	高雄空（2代）	(S19)
タル	垂水空	(S19.2～S20)
チ	鎮海空	(S11～S20)
チチ	父島空	(S14～S16.10)
チト	千歳空	(S15～S16)
ツ	筑波空	(S13～S20)
ツイ	築城空	(S17.10～S20.5)
ツチ	土浦空	(S15～S20)
ト	東京空	(S20.3～S20.7)
トク	徳島空	(S17～S20)
トヨ	豊橋空（初代／2代）	(S18.4～S19.2)
ナコ	名古屋空	(S16～S20)
ニ	空母「加賀」	(S12)
ハ	空母「赤城」	(S13)
ハタ	博多空	(S15.11～S20)
ヒト	人吉空	(S19.2～S20.7)
ヒメ	姫路空	(S18.10～S20)
フク	福岡空	(S19.6～S20.7)
フサ	釜山空	(S20.2～S20.8)
フジ	藤沢空	(S19.6～S20)
フヤ	福山空	(S20.3～S20.8)
ホ	空母「龍驤」	(S12)
ロ	空母「鳳翔」	(S12)
マ	舞鶴空	
マシ	松島空	(S19.8～S20)
マツ	松山空	(S18.10～S20.7)
ミ	美幌空	
ミエ	三重空	(S17.8～S20)
ミサ	三沢空	
ミネ	峰山空	(S20.3～S20.8)
ミホ	美保空	(S18.10～S20.6)
ミヤ	宮崎空	(S18.12～S19.8)
ヤ	谷田部空	(S14～S20)
ヤマ	大和空	(S20.2～S20.8)
ヨ	横須賀空	
ヨA	1001空	(S18)
ヨB	503空	(S18)
ヨC	301空	(S18)
ヨD	302空	(S19.3～20.8)
ヨE	1081空	(S19)
ヨF	721空	(～S19.12)
ヨG	903空	(S20)
ヨハ	横浜空	(S11～S15)
リ	百里原空	(S14～S20)
2カヤ	第2鹿屋空	(S19.2～S20.6)
2カウ	第2河和空	(S19.4～S20)
2コリ	第2郡山空	(S19.3～S20)
2サカ	第2相模野空	(S18.10～S20)
2タイ	第2台南空	(S19.2～S20.2)
2タカ	第2高雄空	(S19.8～S20.2)
2ミホ	第2美保空	(S19.1～S20.2)
3オカ	第3岡崎空	(S19.9～S20)

※ このほか、昭和初期の艦載水偵は搭載艦名を表示していた。
例：ヒウカ→戦艦「日向」。フサウ→戦艦「扶桑」。カンガウ→戦艦「金剛」。メウカウ→重巡「妙高」など。

▶霞ヶ浦空における零戦（右手前と）九六艦戦で、中央の九六艦戦は霞ヶ浦空所属を表す部隊記号「カ」を、奥の機体は谷田部空所属を表す「ヤ」と記入していることがわかる（泥除けのためか主脚スパッツ下端を外していることに注意）。昭和17年後半から18年にかけての撮影で、九六艦戦の尾翼にはすでに保安塗粧の赤はない。

●アルファベットから始まる記号の部隊

※ 順序はアルファベット、数字、ローマ数字の若番
※ ローマ数字の5や11、12を用いた部隊はⅤやⅩの並びに記載

記号	艦 / 部隊名	主な使用期間
A	戦艦「大和」	(S17.7～ S18)
A1-1	空母「瑞鶴」	(S17末～ S18初頭)
A1-2	空母「翔鶴」	(S17末～ S18初頭)
A1-3	空母「瑞鳳」	(S17末～ S18初頭)
A2-1	空母「飛鷹」	(S17末～ S18初頭)
A2-2	空母「隼鷹」	(S17末～ S18初頭)
A3-2	空母「大鷹」	(S17末～ S18初頭)
A Ⅰ	戦艦「長門」	(S15.11～ S16.12)
	戦艦「大和」	(S17.1～ S17.6)
	空母「赤城」	(S16～ S17)
A Ⅱ	戦艦「伊勢」	(S14.2～ S14.5)
	戦艦「陸奥」	(S15.11～ S16.12)
	空母「加賀」	(S16～ S17)
A Ⅲ	戦艦「伊勢」	(S13)
	戦艦「扶桑」	(S14.2～ S16)
	戦艦「陸奥」	(S17.2～ S17.6)
A Ⅳ	戦艦「山城」	(S14.2～ S16)
B Ⅰ	戦艦「霧島」	(S13～ S15)
	戦艦「伊勢」	(S15.11～ S17)
	空母「蒼龍」	(S16.4～ S17.6)
	戦艦「長門」	(S17.7～ S18)
B Ⅱ	戦艦「日向」	(S15.11～ S17)
	空母「飛龍」	(S16.4～ S17.6)
	戦艦「陸奥」	(S17.7～ S18)
B Ⅲ	戦艦「扶桑」	(S17.7～ S18)
	戦艦「山城」	(S18)
B Ⅳ	戦艦「山城」	(S17.7～ S18)
	戦艦「扶桑」	(S18)
C	遣支艦隊司令部附	(S15)
CS	支那方面艦隊司令部附	(S19)
C21-1	水母「君川丸」	(S18)
C Ⅰ	戦艦「霧島」	(S15.11～ S17)
	空母「鳳翔」	(S15.11～ S16)
	空母「瑞鳳」	(S16～ S17)
	戦艦「金剛」	(S16.12～ S19)
	特空母「八幡丸」	(S17.7～ S17.8)
C Ⅱ	空母「瑞鳳」	(S15.11～ S16)
	空母「鳳翔」	(S16～ S17)
	重巡「加古」	(S14.6～ S15.11)
	戦艦「比叡」	(S15.11～ S16)
	空母「春日丸」	(S17.7～ S17.8)
	戦艦「榛名」	(S18～ S19)
C Ⅲ	戦艦「霧島」	(S16.12～ S17.7)
D Ⅰ	重巡「青葉」	(S15.11～ S17.6)
	重巡「高雄」	(S16.11)
	空母「龍驤」	(S16～ S17)
	軽巡「阿武隈」	(S17.7～)
D Ⅱ	重巡「古鷹」	(S15.11～ S16)
	重巡「衣笠」	(S15.11～ S17.6)
	重巡「愛宕」	(S15.11～ S17.5)
	空母「春日丸」	(S16.9～ S16.12)
	軽巡「神通」	(S17.7～)
	空母「祥鳳」	(S16.12～ S17.5)
	空母「隼鷹」	(S17.7～ S17.11)
D Ⅲ	重巡「加古」	(S15.11～ S17.6)
	軽巡「川内」	(S17.7～ S18)
D Ⅳ	軽巡「那珂」	(S17.2)
	重巡「古鷹」	(S17.2～ S17.6)
	軽巡「由良」	(S17.7)
D Ⅴ	軽巡「名取」	(S17.7)
E	軽巡「阿武隈」	(S15.11～ S16)
E Ⅰ	空母「翔鶴」	(S16～ S17)
	重巡「愛宕」	(S17.7～ S18)
E Ⅱ	空母「瑞鶴」	(S16～ S17)
	重巡「摩耶」	(S17.7～ S18)
E Ⅲ	重巡「加古」	(S14.2～ S14.6)
	重巡「妙高」	(S16.11～ S17.6)
	重巡「高雄」	(S17.7～ S18)
	空母「瑞鳳」	(S17.7～ S17)
F	軽巡「川内」	(S15.11～ S16)
	4空 /702空	(S17.2～ S18)
F Ⅰ	水母「千歳」	(S15.11～ S16)
	重巡「妙高」	(S17.7～ S18)
F Ⅱ	水母「瑞穂」	(S15.11～ S16)
	重巡「羽黒」	(S17.7～ S18)
G	元山空	(S16～ S17)
	252空	(S17.9～ S17.10)
G Ⅰ	空母「龍驤」	(S15.11～ S16)
	重巡「青葉」	(S17.7～ S18)
G Ⅱ	空母「鳳翔」	(S15.11～ S16)
	重巡「衣笠」	(S17.7～ S17.10)
G Ⅲ	重巡「加古」	(S17.7～ S17.8)
G Ⅳ	重巡「古鷹」	(S17.7～ S17.11)
GF	連合艦隊司令部附	(S18)
H	三沢空	(S17.2～ S17.11)
	北東空	(S19.10～ S20.8)
HK	東カロリン空	(S20)
H-1	水母「千歳」	(S15.11～ S16)
H Ⅰ	重巡「熊野」	(S17.7～ S18)
H Ⅱ	水母「瑞穂」	(S15.11～ S16)
	重巡「鈴谷」	(S17.7～ S18)
H Ⅲ	重巡「最上」	(S17.7～ S18)
I Ⅶ	3特根 7空	(S15.11～ S16.4)
I Ⅷ	5特根 8空	(S15.11～ S16.4)
J Ⅰ	重巡「高雄」	(S15.11～ S16)
	重巡「利根」	(S17.7～ S18)
J Ⅱ	重巡「愛宕」	(S15.11～ S16)
	重巡「筑摩」	(S17.7～ S18)
J Ⅲ	重巡「鳥海」	(S15.11～ S16)
J Ⅳ	重巡「摩耶」	(S15.11～ S16)
K	空母「加賀」	(S13)
	鹿屋空	(S15～ S17)
	軽巡「長良」	(S17.7～ S18)
KEA	901空	
KEB	931空	
KEC	453空 /951空	
K6	631空	(S20)
K Ⅰ	重巡「那智」	(S15.11～ S17.6)

◀昭和17（1942）年10月、空母「翔鶴」艦上で発艦位置へとタキシングする零戦二一型〔EⅠ-111〕で飛行隊長 新郷英城大尉の搭乗機。「翔鶴」「瑞鶴」はもともと第5航空戦隊を編成していたが、同年6月のミッドウェー海戦で第１航空戦隊、第2航空戦隊からなる第１航空艦隊が大敗したのを受けて、新たな第１航空戦隊となった。ただし、ご覧のように記号はそのまま旧5航戦の「EⅠ」を使用しており、南太平洋海戦ののちに新たな記号「A1-2」（「瑞鶴」は「A1-1」となる）を使用するようになっている。なお、部隊記号が表すように「翔鶴」は第5航空戦隊の1番艦ではあったが、ハワイ作戦以来の旗艦は「瑞鶴」の方である。79ページの塗装図も併せて参照されたい。

記号	艦 / 部隊名	主な使用期間
	軽巡「名取」	（S17.7～ S18）
	重巡「青葉」	（S19.6）
K Ⅱ	重巡「羽黒」	（S15.11～ S17.2）
	軽巡「鬼怒」	（S17.7～ S18）
K Ⅲ	軽巡「五十鈴」	（S17.7～ S18）
L	空母「鳳翔」	（S12）
	軽巡「鹿島」	（S17.7～）
L Ⅰ	重巡「最上」	（S15.11～ S16）
L Ⅱ	重巡「三隈」	（S15.11～ S16）
L Ⅲ	重巡「鈴谷」	（S15.11～ S16）
L Ⅳ	重巡「熊野」	（S15.11～ S16）
L-2	水母「国川丸」	（S18）
M	美幌空 /701空	（S15.11～ S18）
M1	452空	（S18）
M Ⅰ	重巡「高雄」	（S14.12）
	重巡「利根」	（S15.11～ S16）
	敷設艦「沖島」	（S16）
	戦艦「比叡」	（S17.7～ S17.10）
M Ⅱ	重巡「筑摩」	（S15.11～ S16）
	戦艦「霧島」	（S17.7～ S17.10）
N	軽巡「神通」	（S15.11～ S16）
	重巡「足柄」	（S17.7～ S18）
N1	802空	（S18）
O	東港空	（S16）
	軽巡「那珂」	（S15.11～ S16）
	水母「相良丸」	（S17.7～ S18）
P	空母「加賀」	（S15.11～ S16）
	11航艦司令部附 （南東方面艦隊）	（S18）
	水母「山陽丸」	（S17.7～ S18.3）
Q	2空	（S17.5～ S17.11）
	水母「讃岐丸」	（S17.7～ S17.10）
Q Ⅰ	空母「蒼龍」	（S15.11～ S16）
Q Ⅱ	空母「飛龍」	（S15.11～ S16）
R	空母「龍驤」	（S12～ S13）
	木更津空 /707空	（～ S17.12）
	軽巡「鹿島」	（S15.11～ S16）
	水母「聖川丸」	（S16～ S17.7）
	5空	（S17.8～ S17.11）
R1	502空	（S18）
R2	701空（2代）	（S18～ S19.9）
R3	厚木空	（S18）
R Ⅰ	水母「聖川丸」	（S17.7～ S17.11）
S	12空	（S12.9）
	千歳空 /703空	（S15.11～ S18）
	軽巡「香取」	（S17.7～ S18）
S Ⅰ	軽巡「香取」	（S15.11～ S18）
	1潜戦	（S17.7～ S18）
S Ⅱ	潜母「大鯨」	（S15.11～ S16）
	2潜戦	（S17.7～ S18）
S Ⅲ	軽巡「五十鈴」	（S17.7～）
	3潜戦	（S17.7～ S18）
S Ⅵ	潜母「長鯨」	（S16.5～）
S Ⅶ	潜母「迅鯨」	（S15.11～ S16）
S Ⅷ	8潜戦	（S17.7～ S18）
T	13空	（S12.9）
	高雄空 /753空	（S16～ S18）
	潜母「長鯨」	（S15.11）
	軽巡「球磨」	（S17.7～）
	第1航空基地隊	（S17～ S18）
	詫間空	（S20）
T1	705空	（S18～ S19）
T2	204空	（S17.11～ S18）
T3	582空	（S17.11～ S19.2）
U	軽巡「五十鈴」	（S15.11～ S16）
	軽巡「香椎」	（S17.7）
	6空	（S17.4～ S17.11）
U1	251空	（S17.11～ S18）
U2	702空	（S18）
U3	253空	（S18）
	801空	（S18.5）
U Ⅵ	水母「相良丸」	（S15.11～ S16）
V	父島空	（S15.11～ S16）
	台南空（初代）	（S16.10～ S17.11）
V2	水母「日進」	（S17.7～）
VB	5特根	（S17.7～ S18）
V Ⅰ	空母「加賀」	（S15～ S16）
	水母「千代田」	（S17.7～ S17.12）
V Ⅱ	空母「蒼龍」	（S16.1～ S16.4）
V Ⅱ B	父島空	（S16.10～ S17.5）
W	空母「蒼龍」	（S12～ S14）
	軽巡「北上」	（S15.11）
	水母「山陽丸」	（S17.2～ S17.7）
	14空（2代）/802空	（S17～ S18）
W2	752空	（S18）
W4	151空	（S18.4～ S18.12）
W Ⅰ	重巡「那智」	（S17.7～ S18）
	201空	（S17.11～ S18.6）
W Ⅱ	軽巡「多摩」	（S17.7～ S18）
W Ⅲ	軽巡「木曽」	（S17.7～ S18）
X	軽巡「由良」	（S15.11～ S16）
	3空	（S16.9～ S17.11）
	水母「君川丸」	（S16～ S18.10）
X1	753空	（S18）
X2	202空	（S18～）
X3	753空	（S18～）
Ⅺ B（11）	11特根	（S18～）
Ⅻ（12）	12連空司令部附	（S14.8～）
Y	鹿屋空	（S13～ S15）
	横浜空	（S15.11～ S17.11）
Y1	755空	（S18）
Y2	252空	（S18）
Y3	552空	（S18.7～ S19）
Y4	802空	（S18.10）
Y Ⅰ	水母「千歳」	（S16～ S17）
Y Ⅱ	水母「瑞穂」	（S16.4～ S17.5）
	水母「神川丸」	（S17.7～ S17.11）
Z	水母「千代田」	（S14）
	1空	（S16.4～ S17.11）
	重巡「鳥海」	（S17.7～ S18）
Z1	水母「能登呂」	（S15.11～ S16）
	水母「神川丸」	（S16.11～ S16.12）
	特巡「愛国丸」	（S17.7～）
	253空	（S18～ S19）
Z2	751空	（S18）
Z Ⅰ	水母「神川丸」	（S17.5～ S17.7）
Z Ⅱ	水母「神川丸」	（S15.11～ S16）
	水母「山陽丸」	（S16.9～ S17.1）
	特巡「報国丸」	（S17.7～）
Z Ⅲ	特巡「清澄丸」	（S17.7～）
Ⅱ B	水母「讃岐丸」	（S16.9～ S17.3）
Ⅱ	22航戦司令部附	（S16.11～ S17.3）

◀昭和20（1945）年初めの笠之原基地における戦闘第303飛行隊の隊員と零戦五二型（おそらく五二丙型）。部隊記号の「3」は戦闘303ではなく、所属航空隊の203空を表すもの。特設飛行隊制度の導入により、海軍航空隊は複数の飛行隊を指揮下に置く形となったが、それら各飛行隊の部隊記号は所属の航空隊のものを用いている。その飛行隊ごとの区別は機番号の割り振り（何番から何番までが戦闘第○○飛行隊というように）や、記号の記入法でなされていた。下１ケタを表す「3-」という記入法が、203空麾下の戦闘303の例である。

●数字を記号とした部隊

記号	艦 / 部隊名	主な使用期間
0	横須賀空	（S19）
01	501空	（S18.7～ S19）
	301空	（S19）
	701空	（S19）
	755空 K701	（S19）
	1001空	（S19）
02	502空	（S18～ S19）
	902空	（S18～ S19）
	202空 S603	（S19.3～）
	381空 S602	（S19.3～）
	752空 K702	（S19）
03	203空	（S19.3）
05	753空 K705	（S19）
06	755空 K706	（S19）
07	503空 K107	（S19.4～）
1	201空	（S18.7～ S19）
1キ	第1特設飛行機隊	（S17）
2	201空	（S18.7～ S19）
21〔2段書き〕	重巡「足柄」	（S13）
	水母「瑞穂」	（S14）
2-1	空母「隼鷹」	（S18.4～）
2-2	空母「飛鷹」	（S18.4～）
3	12空	（S12.10～ S16.8）
	203空 S303	（S20）
	3航艦司令部附輸送機	（S20）
4	13空	（S12.10～ S15.11）
5	水母「神威」	（S12.8～ S12.12）
	水母「千代田」	（S14）
6	水母「神川丸」	（S14）
8	265空	（S19）
9	14空（初代）	（S13.4～ S16.9）
	204空	（S19）
10	15空	（S13.6～ S13.12）
11	11空	（S19.5～ S20.4）
12	12空（2代）	（S19.5～ S20.5）
13	水母「能登呂」	（S13～ S15）
15	水母「衣笠丸」	（S13.2）
16	16空	（S16.4～ S17.2）
17	17空	（S16.10～ S17.4）
18	18空	（S16.4～ S17.2）
19	6根 19空	（S16.1～ S17.11）
21	4根 21空	（S17.6～ S17.11）
	121空	（S19.2～ S19.7）
	321空	（S19）
	521空	（S19）
	1021空	（S19～ S20）
	11水戦	（S19.8～）
22	522空	（S18～ S19）
	322空	（S19.6～）
	1022空	（S19～ S20）
	722空	（S20）
	22特根	（S20）
23	1023空	（S19.10～ S20.7）
24	524空 K405	（S19）
31	31空（初代 /2代）	（S17.2～ S20）
	331空	（S18～ S19）
	531空	（S18～ S19.2）
32	32空（初代 /2代）	（S17.2～ S19.7）
	732空	（S18～ S19）
	332空	（S19.8～ S20）
	932空	
33	21根 33空	（S17.2～ S17.11）
34	934空	（S18～ S19）
35	35空	（S17.2～ S17.11）
36	24根 36空	（S17.6～ S17.11）
38	938空	（S18～ S19）
40	40空	（S17.2～ S17.11）
41	541空	（S19）
43	343空（初代）	（S19）
45	345空	（S19）
51	251空	（S19）
	551空	（S18～ S19）
	851空	（S19）
52	452空	（S18）
	752空	（S18.9～ S19）
53	253空	（S18～ S19）
	153空	（S19）
	553空	（S19）
54	254空	（S18～ S19）
58	958空	（S18～ S20.8）
61	261空	（S19.2～ S19.7）
62	762空	（S19）
63	263空	（S19）
81	281空	（S18～ S19）
	381空	（S19～ S20）
	1081空	（S19.9～ S20.7）
102コ	102航空廠	（S16～ S19）
131	131空	（S19.7～ S20）
132	132空	（S20.2～ S20.8）
133	133空	（S20.2～ S20.6）
141	141空	（S19）
150	軽巡「大淀」	（S19.8～）
153	153空	（S19）
160	連合艦隊司令部附	（S19.8～）
163	634空 S163	（S19）
170	給油艦「速吸」	（S19.8～）

◀昭和20（1945）年4月、沖縄航空作戦に参加するため松山基地から鹿屋へ向け発進する343空戦闘第301飛行隊の「紫電改」。手前の〔343A-15〕は飛行隊長 菅野直大尉の搭乗機で、胴体には2本の黄帯を巻いて長機標識としている。343空にはほかに戦闘407飛行隊と戦闘701飛行隊、そして錬成部隊の戦闘401飛行隊があり、それぞれ部隊記号の343にA、B、Cと付けて所属飛行隊を表していた。ただし、現存する343空の搭乗割を見ると必ずしも飛行機を持っている飛行隊と、それに搭乗する人物の所属飛行隊が同一とは限らなかったようだ。とくに戦地では、当日の作戦に合わせて用意できた機材を割り振られるというのが慣例である。

記号	艦 / 部隊名	主な使用期間
171	171空	（S20.5～20.8）
180	1航艦司令部附偵察隊	（S19.8～）
201	201空	（S19）
205	205空	（S20.2～20.8）
210	210空	（S19.9～20.8）
211	戦艦「長門」	（S19.8～）
212	戦艦「大和」	（S19.8～）
213	戦艦「武蔵」	（S19.8～）
221	軽巡「能代」	（S19.8～）
221A	221空 S308	（S19.8～）
221B	221空 S312	（S19.8～）
221C	221空 S313	（S19.8～）
221D	221空 S407	（S19.8～）
221Z	221空戦爆隊	（S19.9～）
231	戦艦「金剛」	（S19.8～）
232	戦艦「榛名」	（S19.8～）
241	重巡「愛宕」	（S19.8～）
242	重巡「高雄」	（S19.8～）
243	重巡「摩耶」	（S19.8～）
244	重巡「鳥海」	（S19.8～）
251	重巡「妙高」	（S19.8～）
252	重巡「羽黒」	（S19.8～）
	252空	（S19～ S20）
254	254空	（S19～ S20）
256	256空	（S19）
271	重巡「熊野」	（S19.8～）
272	重巡「鈴谷」	（S19.8～）
273	重巡「利根」	（S19.8～）
274	重巡「筑摩」	（S19.8～）
301	601空「大鳳」搭載	（S19.3～ S19.6）
	202空 S301	（S19.3～ S19.7）
302	601空「瑞鶴」搭載	（S19.3～ S19.6）
	T302	（S20）
303	601空「翔鶴」搭載	（S19.3～ S19.6）
312	312空	（S20）
321	652空「隼鷹」搭載	（S19.3～ S19.6）
322	652空「飛鷹」搭載	（S19.3～ S19.6）
323	652空「龍鳳」搭載	（S19.3～ S19.6）
331	653空「千歳」搭載	（S19.3～ S19.6）
	331空	（S19～ S20）
332	653空「千代田」搭載	（S19.3～ S19.6）
333	653空「瑞鳳」搭載	（S19.3～ S19.6）
341	341空	（S19）
341A	341空 S701	（S19）
341H	341空 S401	（S19）
341S	341空 S402	（S19）
343A	343空 S301	（S20）
343B	343空 S407	（S20）
343C	343空 S701	（S20）
352	352空	（S19.8～ S20.8）
371	軽巡「矢矧」	（S19.8～）
380	重巡「最上」	（S19.8～）
390	3艦隊司令部附輸送隊	（S19.8～）
400	4艦隊司令部附輸送隊	（S19.8～）
410	14航艦司令部附輸送隊	（S19.8～）
450	5根	（S19.8～）
480	30根	（S19.8～）
511	重巡「那智」	（S19.8～）
512	重巡「足柄」	（S19.8～）
531	特巡「赤城丸」	（S18）
601	601空	（S19.7～ S20）
634	634空	（S19.7～ S20）
653	653空	（S19.7～ S19.11）
671	第6艦隊	（S19）
701	701空（2代）	（S19～ S20）
705	705空	（S19.3～ S19.10）
706	706空	（S20.3～ S20.8）
721	721空	（S19～ S20.8）
722	722空	（S20）
721K	721空 K708	（S19～ S20.8）
730	11航艦司令部附輸送隊	（S19.8～）
740	12航艦司令部附輸送隊	（S19.8～ S19.11）
741	51航戦司令部附夜戦隊	（S19.8～）
742	502空	（S19.8～）
743	553空	（S19.8～）
751	751空	（S19）
761	761空	（S19）
762	762空	（S19）
762K	762空 K708	（S19.8～）
763	763空	（S19）
765	765空	（S20）
801	801空	（S19～ S20.8）
902	902空	（S18～ S19）
930	南西方面艦隊司令部附	（S19.8～）
933	933空	（S19）
936	936空	（S19）
951	951空	（S20）
952	952空	（S18～ S19）
953	953空	（S19）
954	954空	（S19）
955	955空	（S19）
956	956空	（S17.11～ S17.12）
961	重巡「青葉」	（S19.8～）
962	軽巡「鬼怒」	（S19.8～）
963	軽巡「大井」	（S19.8～）
964	軽巡「北上」	（S19.8～）
970	13航艦司令部附輸送隊	（S19.8～）
1022	1022空	（S19）

▶編制からまもない昭和19（1944）年初夏、新機受領後の空輸中に不時着大破した361空戦闘第407飛行隊の零戦五二型。尾翼には「晃」の文字が記入されているが、これは361空開隊当初の別称（本ページ右下参照）で、同時に特設飛行隊制を導入して戦闘407と新編されたのちにも使用していた。漢字を部隊の別称として部隊記号に使用した例は第1航空艦隊麾下の第61航空戦隊、第62航空戦隊（のち第2航空艦隊の基幹となる）の航空隊で実施されたもので、61航戦は猛禽、猛獣に、62航戦は気象現象などにちなんだものが命名されていたのだが、61航戦が戦地へ出る際には過半の機体が隊名の下２ケタの数字で表示するように変更されている。なお、写真の機体の隊名記号ははご覧のように受領先の航空廠で自隊の所有であることを他に知らしめるため早急に記入されたもので、本来は無事に隊へたどり着き、丁寧に書き直される。

◀機体に漢字を記入した例として報國号の存在があった。写真は日本海軍最初の実用的艦上爆撃機となった九四式艦上爆撃機〔報國-85 教育号〕。報國号は陸軍の愛國号と並び、企業や組織、個人からの寄付金によって製作された機体で、当初は写真のように保安塗粧をした尾翼と胴体日の丸後部に献納機ナンバーと献納者にちなんだ愛称を記入していた。その後、各部隊に配属された際に、尾翼の記号は各隊の記号と機番号に書き直されて使用された。

●漢字を部隊記号とした部隊

記号	艦 / 部隊名	主な使用期間
中	中支空	（S20）
忠	701空 K102	（S20）
	※ 特攻「忠誠隊」使用機	
横鎮	横須賀鎮守府附	
鎮要	鎮海要港部附	（S14）

第1航空艦隊麾下部隊

61航戦所属（猛禽、猛獣に由来）

記号	艦 / 部隊名	主な使用期間
雉	121空	（S18.10～ S19.2）
虎	261空	（S18.6～ S19.2）
豹	263空	（S19）
狼	265空（のち62航戦）	（S19）
鵄	321空	（S19）
獅	341空	（S19）
隼	343空	（S19）
鵬	521空	（S19）
鷹	523空	（S18～ S19.7）
龍	761空	（S18～ S19）
鳩	1021空	（S19）

62航戦所属（気象に由来）

記号	艦 / 部隊名	主な使用期間
暁	141空	（S19）
嵐	221空	（S19）
雷	265空（61航戦から）	（S19）
電	322空 S804	（S19）
光	345空	（S19）
晃	361空 S407	（S19）
轟	522空 K406	（S19）
曙	524空 K405	（S19.3～ S19.5）
響	541空 K3	（S19）
輝	762空 K708	（S19）
虹	1022空	（S19）

日本海軍航空爆弾＆航空魚雷比較対称図

イラスト／高荷義之、文／編集部

The comparison of the I.J.N Airplane Bombs & Torpedo

Illustrations by Yoshiyuki Takani

日本海軍航空隊が運用した機種は戦闘機をはじめ艦攻、艦爆、陸攻、そして水偵や飛行艇などさまざまで、それらが搭載した爆弾・魚雷は大きなものから小さなものまであり、その用途も多岐にわたっている。ここではそのなかでも主なものをピックアップし、統一スケール（同率縮尺）で並べ比較してみたい。

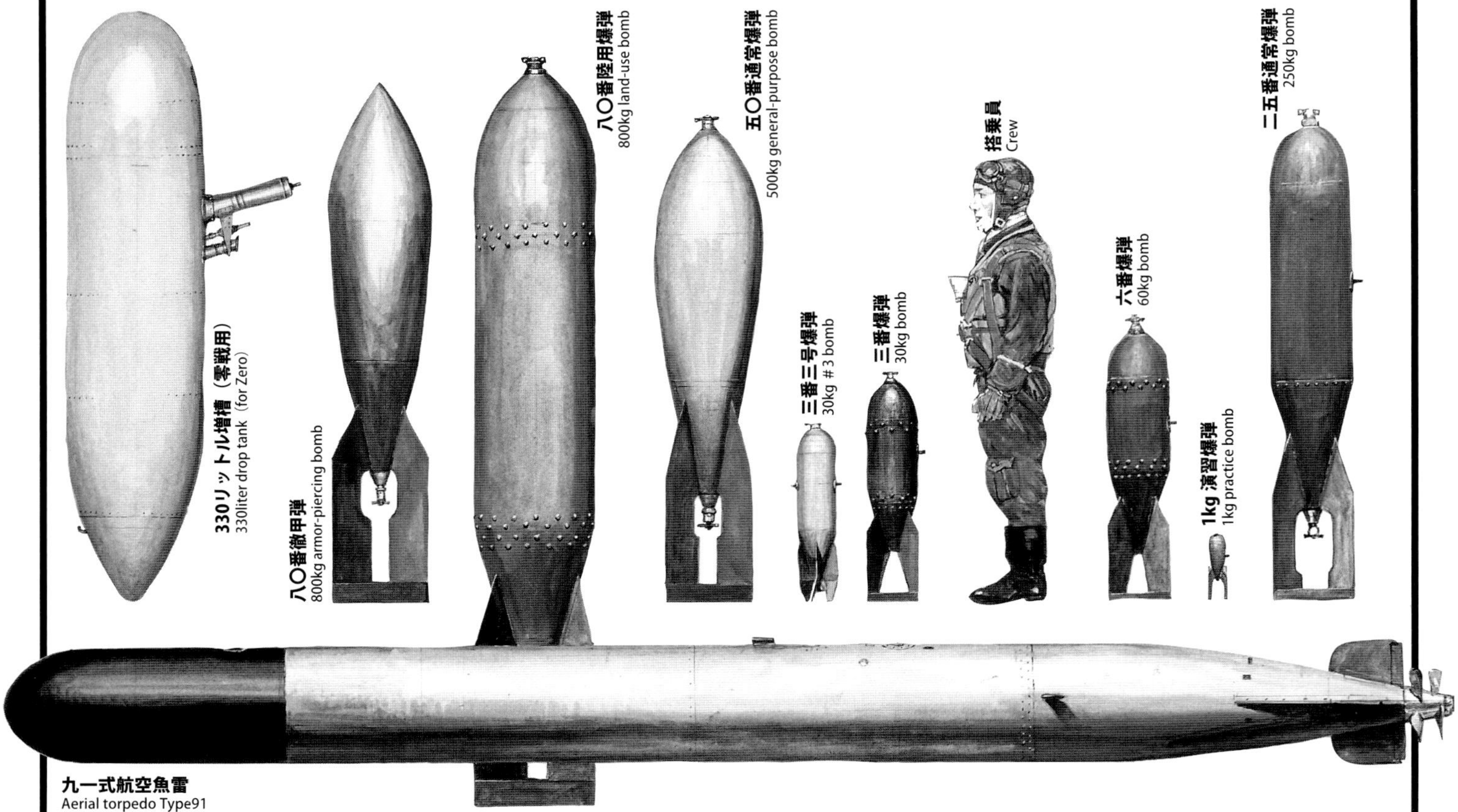

●330リットル増槽（零戦用）

零戦用の落下タンクで、五二型の初期まで使われたタイプ。当初は金属製、のちに同じ形の木製のものに変わった。機体との取り付け部には整流板がつく。このあち統一型増槽となる。

●八〇番徹甲弾＆陸用爆弾＆五〇番通常爆弾

日本海軍で「通常爆弾」といえば艦艇攻撃用の、弾体の厚い貫徹力重視のものであり、その対義語となるのが「陸用爆弾」という、爆発力重視の爆弾だ。図の徹甲弾は通常爆弾よりも貫徹力を上げたもので真珠湾攻撃で使用された。

●三番爆弾＆六番爆弾

小型艦艇や陸上攻撃用の爆弾で、零戦、九九艦爆であれば主翼下に1発ずつ計2発、九七艦攻であれば胴体下に6発、一式陸攻では12発の搭載が可能であった。三番には対潜用の二号弾、ロケット噴進の二八号弾などがあった。

●三番三号爆弾

空中で投下後、一定時間を経過すると信管が作動、空中に飛散して黄リンがタコ足のように伸び、敵大型機を捉えるもの。実効果はあまり期待できないものだったが、敵編隊のかく乱などに有効だった。二五番サイズもあった。

●1kg 演習爆弾

その名の通り練習用の爆弾。標的に命中すると白ボクを噴くしかけとなっていた。

●二五番通常爆弾

九九艦爆や一式陸攻などが対艦攻撃用に使用したもので、同サイズの陸用爆弾もあった。特攻零戦が使用した爆弾でもある。

●航空魚雷

日本海軍の主力航空魚雷は九一式と呼ばれるシリーズで、これを基本型として改一、改二などと発展し、さらに浅深度魚雷が製作された。

There were many models of Imperial Japanese Navy's airplanes like fighters, abroad attackers, abroad bombers, land attackers, reconnaissance seaplanes and aeroboats. Accordingly there were various sizes and uses of their bombs and torpedos. Here I made the scale comparison of main IJN anti-ship weapons.

TEXT & ILLUSTRATIONS

野原　茂	Shigeru Nohara
中西　立太	Ritta Nakanishi
高荷　義之	Yoshiyuki Takani
西川　幸伸	Yukinobu Nishikawa
梅本　弘	Hiroshi Umemoto
浦野　雄一	Yuichi Urano

ENGLISH TEXT

スコット・ハーズ	Scott T. Hards
高木・マーカス・孝志	Takashi Markus Takagi

ART DIRECTOR

横川　隆	Takashi Yokokawa

DTP

小野寺　徹	Toru Onodera

PHOTOGRAPHS

野原　茂	Shigeru Nohara
伊沢　保穂	Yasuho Izawa
高荷　義之	Yoshiyuki Takani
潮書房光人社	Ushio-Shobo-Kojin-sha
毎日新聞社	The Mainichi Newspapers

SPECIAL THANKS TO:

潮書房光人社	Ushio-Shobo-Kojin-sha
毎日新聞社	The Mainichi Newspapers
有限会社ファインモールド	FineMolds

（敬称略・順不同）

EDITORIAL STAFF

関口　巖	Iwao Sekiguchi
吉野　泰貴	Yasutaka Yoshino

増補版

日本海軍航空隊
戦場写真集

Imperial Japanese Navy Air Units Battlefield photograph collection

増補版
日本海軍航空隊戦場写真集

発行日　2013年10月11日 初版第1刷

発行人／小川光二
発行所／株式会社 大日本絵画
〒101-0054 東京都千代田区神田錦町1丁目7番地
URL; http://www.kaiga.co.jp
編集人／市村 弘
企画／編集 株式会社アートボックス
〒101-0054 東京都千代田区神田錦町1丁目7番地
錦町一丁目ビル4階
URL; http://www.modelkasten.com/
印刷・製本／大日本印刷株式会社

内容に関するお問い合わせ先 : 03(6820)7000 (株) アートボックス
販売に関するお問い合わせ先 : 03(3294)7861 (株) 大日本絵画

Publisher/Dainippon Kaiga Co., Ltd.
Kanda Nishiki-cho 1-7, Chiyoda-ku, Tokyo 101-0054 Japan
Phone 03-3294-7861
Dainippon Kaiga URL; http://www.kaiga.co.jp
Editor/Artbox Co., Ltd.
Nishiki-cho 1-chome bldg., 4th Floor, Kanda
Nishiki-cho 1-7, Chiyoda-ku, Tokyo 101-0054 Japan
Phone 03-6820-7000
Artbox URL; http://www.modelkasten.com/

ISBN978-4-499-23112-1

※ 本書は2003年発売のスケールアヴィエーション12月号別冊『日本海軍航空隊戦場写真集』の記事、写真を増補したものです。